MEMORIA FOTOGRAFICA

Tecniche di Memoria di Base e Avanzate per Migliorare la Memoria

-

Tecniche Mnemoniche e Strategie per Migliorare la Memorizzazione

EDOARDO
ZELONI MAGELLI

MEMORIA FOTOGRAFICA

© Copyright 2019 Edoardo Zeloni Magelli - Tutti i diritti riservati.

ISBN: 978-1-80111-958-0 - Agosto 2019

Autore: Psicologo, Imprenditore e Consulente. Edoardo Zeloni Magelli, nato a Prato nel 1984. Nel 2010 subito dopo la laurea in Psicologia del Lavoro e delle Organizzazioni lancia la sua prima startup. Come Businessman è CEO di Zeloni Corporation, azienda di formazione specializzata in Scienze Mentali Applicate al Business. La sua azienda è il punto di riferimento per chiunque voglia realizzare una idea o un progetto. Come scienziato della mente invece è il padre della Psicologia Primordiale e aiuta le persone a potenziare le loro menti nel minor tempo possibile. Amante della musica e dello sport.

UPGRADE YOUR MIND → zelonimagelli.com

UPGRADE YOUR BUSINESS → zeloni.eu

Il contenuto di questo libro non può essere riprodotto, duplicato o trasmesso senza il permesso o una specifica autorizzazione rilasciata dall'autore.

In nessun caso qualsiasi responsabilità o responsabilità legale sarà ritenuta responsabile nei confronti dell'autore, per danni, riparazioni o perdite monetarie dovute alle informazioni contenute in questo libro. Direttamente o indirettamente.

Note Legali: Questo libro è protetto da copyright. Questo libro è solo per uso personale. Non è possibile modificare, distribuire, vendere, utilizzare, citare o parafrasare qualsiasi parte, o il contenuto di questo libro, senza il consenso dell'autore.

Disclaimer: Si prega di notare che le informazioni contenute in questo documento sono solo per scopi educativi e di intrattenimento. Ogni sforzo è stato fatto per presentare informazioni accurate, aggiornate e affidabili e complete. Nessuna garanzia di alcun tipo è dichiarata o implicita. I lettori riconoscono che l'autore non è impegnato nella prestazione di consulenza legale, finanziaria, medica o professionale. Il contenuto di questo libro è stato ricavato da varie fonti. Si prega di consultare un professionista autorizzato prima di tentare qualsiasi tecnica descritta in questo libro.

Leggendo questo documento, il lettore accetta che in nessun caso l'autore è responsabile per eventuali perdite, dirette o indirette, che sono sostenute come risultato dell'uso delle informazioni contenute in questo documento, inclusi, ma non solo, errori, omissioni o imprecisioni.

INDICE

Introduzione..11

1. Conoscere la tua Memoria........................21

Il processo di memoria...............................22

Codifica..22

Immagazzinamento................................24

Recupero..26

Interferenze con il processo di memoria...............29

Tipi di Memoria..31

Memoria Sensoriale................................32

Memoria a Breve Termine......................34

Memoria a Lungo Termine....................36

Memoria Fotografica..................................38

2. Benefici della Memoria Fotografica...............41

Prestazioni accademiche migliori................42

Ricorderai più informazioni nei dettagli...............44

La Memoria Fotografica aumenta la tua fiducia........45

Diventerai più consapevole.........................47

Diventerai un oratore più irresistibile..........................49

Avrai relazioni più profonde..........................51

Diventerai più produttivo..........................52

Altri benefici..........................53

3. Miglioramenti dello Stile di Vita per la tua Memoria..........................55

Attività fisica..........................56

Dormire a sufficienza..........................57

Mangiare sano..........................59

Prendere integratori..........................60

Guarda la quantità di stress con cui hai a che fare.....61

Altri modi per migliorare la tua memoria..........................63

4. Il Palazzo della Memoria..........................65

Come funziona il Palazzo della Memoria?..........................66

Impostare il proprio Palazzo della Memoria..........................67

Puoi avere più di un Palazzo della Memoria..........................71

5. L'Occhio della Mente..........................75

Mantieni lucido l'Occhio della Mente..........................77

L'osservazione è la chiave..........................77

Annotati le informazioni..........................78

Fermati a sentire il profumo delle rose...................79

6. Le Mappe Mentali...................................83

Elementi essenziali delle Mappe Mentali..................86

Crea la tua Mappa Mentale..........................89

7. La Famiglia della Mnemotecnica...................93

Principi fondamentali delle mnemoniche..................94

Associazione..94

Posizione...95

Immaginazione......................................96

Tipi di mnemoniche...................................96

Ode o rima...97

Musica...97

Acronimi...98

Grafici e piramidi....................................99

Le connessioni......................................99

Parole ed espressioni................................100

Acrostici..101

8. Tecniche di Memoria di Base......................103

Annotare le informazioni............................103

Impara come se dovessi insegnare..........................106

Organizza la tua mente...107

    Utilizza una lista scritta..108

    Sii coerente..109

    Essere consapevoli dell'overdose da informazioni 110

I Ganci di Memoria..111

    Tre punti importanti..113

    Suggerimenti per rendere interessanti i Ganci di Memoria..114

Il Metodo dei Blocchi - Chunking...........................115

La Tecnica del Collegamento - Linking Method........116

Il Principio SEE..119

    S è per Sensi..119

    E è per Esagerazione...120

    E è per Eccitazione..120

Suggerimenti per la memorizzazione......................121

    Preparati per il tuo tempo di studio.....................122

    Registrati e scrivi le informazioni.......................123

    Riscrivi di nuovo le informazioni........................124

Insegna le informazioni a te stesso.................125

Non smettere di ascoltare le registrazioni...........126

9. Tecniche Avanzate.................................127

Il Metodo dell'Auto................................128

Le Mollette Mnemoniche - Peg System...................130

Perché usare il Peg System.......................132

Peg System con la Rima..........................136

Il Peg System Alfabetico.........................137

Il Peg System di Forma..........................139

La Ripetizione Spaziata............................139

Memorizzare un mazzo di carte......................142

Crea il Palazzo della Memoria....................144

Memorizzazione e richiamo.......................145

Il Metodo Militare................................146

10. Come Ricordare.................................149

Ricordare i nomi....................................151

Connessione del Luogo di Incontro...............153

Connessione di Aspetto..........................156

Connessione di Carattere........................158

Ricordare i numeri..160

La Tecnica del Viaggio..162

Metodo della Forma Numerica............................163

11. Continua a Costruire la tua Memoria..........165

Suggerimenti per aiutarti ad avere successo............166

Rimani concentrato..166

Ritagliati del tempo ogni giorno..........................169

Non permettere a te stesso di procrastinare........170

Scopri le tecniche per concentrarti meglio...........171

Rimani sempre in controllo..................................172

Sii autodisciplinato...173

12. La pratica rende perfetti............................179

Esercizio #1: Ricordare i nomi................................179

Esercizio #2: Il Palazzo della Memoria....................181

Tecnica Bonus: L'Approccio Basato sulle Emozioni.182

Conclusione...189

Riferimenti bibliografici...197

"La memoria è tesoro e custode
di tutte le cose"

MARCUS TULLIUS CICERO

Introduzione

Gli storici fanno risalire la memoria ai tempi di Aristotele, più di 2.000 anni fa. In verità, fu Aristotele che per primo cercò di capire la memoria quando affermò che gli esseri umani nascono come una tabula rasa. Ciò stava a significare che tutto quello che conosciamo, lo abbiamo imparato solo dopo essere nati. Per certi versi, aveva ragione, perché la maggior parte di ciò che impariamo e ricordiamo avviene durante il corso della nostra vita.

Questo libro non solo vuole diventare una guida per principianti, ma anche uno dei libri più completi sul miglioramento della memoria fotografica. Mentre la maggior parte dei libri sul mercato esamina o le tecniche di base o quelle avanzate, *Memoria Fotografica* le tratta entrambe. Inoltre, discuterà i metodi che è possibile utilizzare nella vita di tutti i giorni per migliorare la memoria con le attività quotidiane.

Il capitolo 1 è un'introduzione alla tua memoria. Devi essere in grado di capire cos'è, come funziona e quali parti ha, prima di poter capire almeno buona parte della tua memoria. Questo capitolo discuterà il processo di memoria e cosa può interferire con esso. Dopo questo, sarai in grado di identificare i vari tipi di memoria prima di entrare in quella protagonista, che è la memoria fotografica.

Il capitolo 2 si concentra sul perché dovresti migliorare la memoria fotografica. Dopo tutto, se hai intenzione di dedicare del tempo ed energie ad imparare queste tecniche di base e avanzate, dovresti essere interessato anche a conoscere i benefici che ne derivano dal miglioramento della memoria fotografica. Ad esempio, che cosa può fare per il tuo rendimento accademico?

Il capitolo 3 esamina i cambiamenti di stile di vita che potresti dover attuare per ottimizzare la tua memoria. Uno degli argomenti che discuterò in questo capitolo è l'importanza dell'esercizio fisico e del dormire a sufficienza per la mente. Esamineremo anche come mangiare cibi più sani e l'assunzione di integratori che ti aiuteranno a migliorare le funzioni cerebrali.

Oltre a questo, è necessario considerare i tuoi livelli di stress. Adesso potresti domandarti, che relazione c'è tra lo stress e la memoria? Alcune persone pensano che il primo può essere buono per il secondo, altri invece credono che lo stress possa influenzare negativamente la memoria, soprattutto se lo stress diventa cronico.

Il capitolo 4 analizzerà quella che le persone considerano la base o la tecnica più importante per costruire la memoria fotografica: il *Palazzo della Memoria*. Questo è anche conosciuto come il palazzo mentale o il metodo dei loci. Se hai fatto delle ricerche precedenti sull'argomento, probabilmente ti sei imbattuto già in termini simili. Tuttavia, per il bene di questo libro, mi riferirò ad esso come il palazzo della memoria.

In questo capitolo, non solo imparerai a conoscere il palazzo della memoria, ma sarai anche in grado di allestire il tuo primo palazzo mentre ti accompagno passo dopo passo. Poi, riuscirai a scoprire se puoi avere più di un palazzo della memoria.

Il capitolo 5 parlerà dell'*Occhio della Mente*. È probabile che tu abbia fatto delle ricerche per migliorare la tua memoria o qualcosa di simile, e ti è capitato di imbatterti anche su questo argomento. Tuttavia, quando si tratta della tua memoria, che relazione ha e che cosa significa? Inoltre, quali informazioni importanti devi conoscere per assicurarti che l'occhio della tua mente funzioni correttamente? Dopo tutto, questa è una parte importante della tua memoria, quindi ti deve essere il più chiaro possibile. Altrimenti potresti trovarti in difficoltà. Un aspetto specifico che imparerai è come l'osservazione e la scrittura delle informazioni riescono a mantenere l'occhio della tua mente affilato.

Il capitolo 6 ruota intorno alle *Mappe Mentali*. Questo è un capitolo importante perché molti principianti spesso si confondono tra il palazzo della memoria e le mappe mentali. Potrai trovarci qualche somiglianza, ma ci sono sostanziali differenze. In questo capitolo, ti guiderò attraverso il modo corretto dandoti le informazioni necessarie per creare le tue mappe mentali.

Potresti scoprire che ti piacciono di più le mappe mentali piuttosto della creazione di un palazzo mentale. Tuttavia, entrambi sono estremamente importanti per l'apprendimento e la pratica mentre migliori la tua memoria.

Il capitolo 7 discute della *Mnemotecnica*. La mnemotecnica è l'insieme dei metodi e degli accorgimenti atti a sviluppare e coltivare l'uso delle facoltà mnemoniche. Questo è un altro punto importante quando si affronta il miglioramento della memoria. Tuttavia, non imparerai solo come eseguire una mnemonica. Imparerai anche i tre principi fondamentali che fanno parte della mnemotecnica, come la posizione, l'immaginazione e l'associazione. Conoscerai anche quali tipi di mnemoniche ci sono. Attraverso questo capitolo, dovresti essere in grado di scoprire quali sono le tue mnemoniche preferite e con quali invece faticherai un po' di più.

Il capitolo 8 descrive una varietà di ciò che molte persone considerano come alcune delle tecniche di memoria più facili da usare. Certo, è importante considerare due fattori quando si tratta di tecniche che si considerano facili. Innanzitutto, la maggior parte delle tecniche ti sembreranno un po' difficili all'inizio. Tuttavia, una volta che le pratichi un paio di volte, comincerai a renderti conto di quanto siano facili. In secondo luogo, il livello di facilità quando si inizia spesso dipende dalla propria personalità. Solo perché qualcuno dice che i *Ganci di Memoria* sono una delle tecniche più facili non significa che lo sarà anche per te. Pertanto, non dovresti scoraggiarti se ritieni che sia più difficile di una delle tecniche più avanzate che troverai nei capitoli successivi.

La memorizzazione sarà il centro del capitolo 8. Oltre ad apprendere il *Principio SEE*, il motivo per cui è importante annotare le informazioni e il *Metodo dei Blocchi*, riceverai dei suggerimenti per aiutarti a memorizzare meglio le informazioni. Anche se non tutte le tecniche si concentrano sulla memorizzazione, la maggior parte di esse lo fa.

Poiché alcune persone lottano con la memorizzazione, ho sentito il bisogno di includere alcuni modi per aiutarti a raggiungere il tuo miglior successo con questo processo. Alcuni metodi che discuteremo riguardano quanto spesso dovresti scrivere le informazioni o ascoltare delle registrazioni.

Il capitolo 9 si concentrerà su ciò che alcune persone chiamano le tecniche più avanzate per migliorare la memoria fotografica. In questo capitolo discuteremo il *Sistema Peg*, il *Metodo dell'Auto*, il *Metodo Militare*, nonché come memorizzare un mazzo di carte.

Tutti noi abbiamo difficoltà a ricordare numeri e nomi di tanto in tanto. Pertanto, il capitolo 10 si concentrerà su alcuni dei migliori metodi per aiutarci a farlo. Ad esempio, quando si tratta di nomi, si impara che una delle tecniche più popolari è chiamata la *Connessione del Luogo di Incontro*. Tuttavia, ci sono anche altre due connessioni, che sono le *Connessioni di Carattere e di Aspetto*. Quando leggi dei numeri, imparerai che puoi usare il

Metodo della Forma Numerica e la *Tecnica del Viaggio*. Naturalmente terrai a mente anche quello che hai letto sul metodo dei blocchi nel capitolo precedente. Ci tengo a sottolineare che anche quest'ultimo funziona alla grande anche quando si tratta di memorizzare i numeri.

Il capitolo 11 non solo ti darà consigli per avere successo nel migliorare la tua memoria, ma ti aiuterà anche a imparare l'autodisciplina. Ci sono una serie di suggerimenti che puoi usare per incrementare la tua memoria, come rimanere concentrato e non procrastinare.

Infine il capitolo 12 è il tipo di sezione che può essere considerato un capitolo "bonus". Ti offrirà un paio di esercizi in modo che tu possa iniziare a esercitarti con un paio di tecniche, sempre se non lo farai prima di arrivare a questo capitolo. Tuttavia, una delle parti migliori di questo capitolo è l'aspetto di un metodo bonus, che è chiamato *Approccio Basato sulle Emozioni*. Mentre la maggior parte delle tecniche di memoria fotografica si concentra sulla memorizzazione, ce ne sono alcune che mirano all'emotività. È importante concentrarsi su questo aspetto perché l'emozione è uno dei modi migliori con cui le persone sono in grado di codificare, archiviare e richiamare le informazioni all'interno della propria banca dati della memoria. Questa tecnica bonus descriverà una storia di fantasia su una ragazza di nome Alessandra. Leggerai la storia e annoterai le emozioni che avrai, allo stesso tempo, dovrai essere in grado di prestare attenzione a cose come le espressioni facciali che intendete visualizzare in questa storia nella vostra mente, proprio come se stessi guardando un film.

Ma prima di tuffarci in ciò che devi sapere sulla tua memoria, è importante ricordare che dovrai avere pazienza quando affronteremo alcune tecniche. Non devi sentirti stressato mentre cerchi di imparare ogni tecnica che è nel libro mentre lo leggi. Non devi mai forzarti ad apprendere le tecniche per migliorare la tua memoria in quanto ciò ti darà una visione negativa sul lavoro che dovrai fare. In realtà, migliorare la tua memoria è uno delle mosse più vantaggiose che puoi fare quando si tratta della tua salute mentale. Non solo sarai in grado di ricordare le cose più facilmente, ma sarai anche in grado di ridurre le tue possibilità di contrarre malattie cognitive, come la demenza.

Tieni presente di andare piano ma di essere costante mentre leggi questo libro. Non devi imparare le tecniche mentre le leggi. In verità, è meglio leggerle e comprenderle prima di decidere di imparare come eseguirle. Facendo questo, ti aiuterà a trovare i modi più pratici per iniziare a migliorare la tua memoria.

Infine, è importante sapere che il tuo apprendimento non si ferma qui. Puoi continuare a costruire la tua memoria attraverso i prossimi due libri di questa serie. Il secondo, *Allenamento della Memoria*, si concentra sull'allenamento del cervello e sui giochi di memoria. Il terzo, *Miglioramento della Memoria,* si concentra sulle sane abitudini per aumentare la potenza del proprio cervello, come alimentazione, stile di vita, abitudini lavorative ed altre tecniche che si possono implementare nella vita di tutti i giorni per migliorare le performance cerebrali.

1. Conoscere la tua Memoria

I ricordi sono uno dei nostri aspetti più importanti della vita. Ci aiutano a memorizzare le informazioni, a darci un senso di identità e funge come una biografia per le nostre vite. Tutto ciò che sappiamo rimane nella nostra memoria, che è dislocata nel nostro cervello. Ne abbiamo bisogno per svolgere compiti, nonché per ricordare eventi, luoghi, nomi e responsabilità lavorative. Se non fosse per la nostra memoria, non saremo in grado di comunicare, conoscere i nomi di animali, amici o famiglia e persino completare le attività quotidiane.

Sappiamo tutti qualcosa sulla memoria. Capiamo cosa fa e quanto sia importante. Sappiamo che si tratta di un sistema estremamente complesso, che gli scienziati hanno studiato per decenni. Il loro obiettivo finale è capire come e perché funziona nel modo in cui funziona.

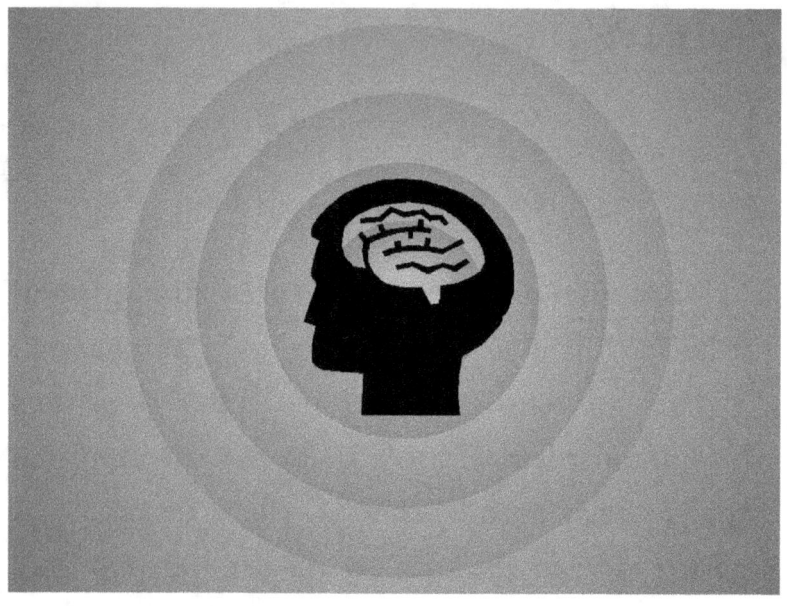

Il processo di memoria

Il processo di memoria si compone di tre parti.

Codifica

La codifica è la prima fase in termini di elaborazione

dei ricordi. A questo punto, l'informazione inizia a entrare nella nostra memoria, quindi potremo ricordarla in seguito. Se non è codificata, non ne avremo un ricordo. Poiché l'informazione proviene dal nostro input sensoriale, si trasforma in una forma in cui la codifica può funzionare. Ad esempio, mentre vedremo una parola in un libro, la nostra memoria la codificherà attraverso il suono, la vista o il significato. Questi sono gli unici tre modi in cui avviene la codifica.

Quando codifichiamo nuove informazioni nella nostra memoria, la colleghiamo a qualcosa che già conosciamo. Diciamo, se hai bisogno di ricordare 3121, puoi cantare i numeri a te stesso a causa del modo in cui suonano insieme. Puoi anche trovare un significato all'interno della sequenza di numero o ricordarli in modo visivo. Non importa come pensi queste cifre, sarai in grado di collegare 3121 a qualcosa che già conosci.

Esistono altri modi in cui il nostro cervello codifica i dati. Il primo è attraverso l'elaborazione automatica. Ciò significa che non siamo nemmeno a conoscenza di ciò che stiamo facendo. Non ci vuole alcuno sforzo da parte nostra. Gli esempi di elaborazione automatica sono dettagli come gli orari e le date. Inoltre, c'è un'elaborazione laboriosa, che si verifica quando cerchiamo di ricordare eventi importanti, come lo studio per un esame.

Immagazzinamento

L'immagazzinamento è la seconda fase del processo di memoria, che parla di quanto a lungo teniamo le informazioni nel tempo. Ci sono diversi fattori che influenzeranno quanti giorni o anni un dettaglio può rimanere nel nostro cervello. Per primo, dipende in quale area della nostra memoria di archiviazione delle informazioni può essere trovato. Le uniche opzioni sono la memoria a breve termine, la memoria a lungo termine e la memoria sensoriale.

Quando l'informazione viene inserita nella nostra memoria a breve termine, proviene dalla memoria sensoriale. Questo tipo è limitato a un certo periodo di tempo. Di solito conserviamo solo le informazioni nella memoria a breve termine per circa un minuto. Si utilizza la memoria a breve termine quando si tenta di ricordare un messaggio in modo da poterlo scrivere rapidamente. C'è una quantità limitata di spazio nella nostra memoria a breve termine in quanto contiene in media solo circa sette informazioni.

Invece, non c'è alcun limite quando si parla di memoria a lungo termine. Possiamo tenere informazioni in quest'area per tutto il resto della nostra vita. Tuttavia, questo non significa che saremo in grado di recuperare i dati per tutto il tempo che vogliamo. Il modo in cui recuperi le informazioni dipende dal metodo che hai utilizzato durante l'elaborazione.

La memoria sensoriale contiene molte informazioni dettagliate ma solo per circa un secondo. I dati saranno quindi trasferiti alla memoria a breve termine o resteranno non elaborati.

Gli altri fattori che influenzano il tempo includono la nostra età, eventuali problemi di memoria, il fascino dei dettagli, il modo in cui codifichiamo le informazioni e il livello di importanza dei dati.

Recupero

Il recupero è la terza fase dell'elaborazione della memoria e si verifica quando si estraggono le informazioni dal nostro archivio. Cercare di recuperare le idee ci permetterà di sapere se si trovano nella nostra memoria a breve o lungo termine. Se le informazioni sono nella prima, saremo in grado di recuperarle nello stesso modo in cui l'abbiamo memorizzate. Ad esempio, se provassimo a ricordare una lista di numeri in un certo ordine - per esempio, 21314151 - la ricorderemo esattamente così. Invece quando l'informazione viene recuperata dalla nostra memoria a lungo termine il recupero avviene attraverso l'associazione. Puoi pensare a qualcosa per via di una connessione con un'immagine o un'emozione.

Ci sono molti fattori che possono influenzare la fase

di recupero, come ad esempio quali altre informazioni sono state memorizzate da allora e di come hai conservato quel ricordo. Se stai cercando di ricordare un evento di cinque anni fa, naturalmente, avrai più difficoltà a recuperare le informazioni rispetto a qualcosa che hai tenuto in mente cinque mesi fa. Sarai anche in grado di richiamare un evento più facilmente se utilizzi determinati segnali, come suoni o immagini.

Esistono tre tipi di recupero principali.

1. Richiamo libero

Questo avviene quando le persone possono ricordare le informazioni in qualsiasi ordine. Questo tipo ha due effetti, vale a dire l'*effetto recency* e l'*effetto primacy*. Il primo si verifica quando una persona pensa a qualcosa alla fine della lista più di quello che è all'inizio, quindi più recente. L'opposto di questo è l'effetto primacy in cui gli elementi di partenza sono più facili da ricordare rispetto a quelli in fondo alla lista.

2. Richiamo seriale

Anche gli effetti primacy e recency fanno parte delle serie di richiamo. Si verifica quando ricordi degli eventi nell'ordine in cui sono accaduti. Ad esempio, se stai andando a fare una passeggiata mattutina e vedi un uomo che cammina con il suo cane, un gruppo di bambini che corrono attraverso un irrigatore e una donna che trasporta generi alimentari in casa sua, avrai un ricordo di tali attività in questo ordine esatto. Probabilmente richiamerai le informazioni attraverso una serie di immagini che hai codificato nella tua memoria.

3. Richiamo guidato

Il richiamo guidato avviene quando si elaborano le informazioni insieme ai segnali. Ci sono molte ricerche psicologiche che dimostrano che le persone che usano il richiamo guidato memorizzano meglio le informazioni se il legame tra l'informazione e il segnale è più forte. Lo utilizziamo spesso quando stiamo cercando informazioni che sono state perse nella nostra memoria.

Interferenze con il processo di memoria

Il processo di memoria non avviene in modo così fluido come ci piacerebbe. Difatti, ci sono varie quantità di interferenze che possono verificarsi quando cerchiamo di elaborare e recuperare le informazioni.

1. Interferenza retroattiva

L'interferenza retroattiva si verifica quando si impara qualcosa di nuovo subito dopo aver ottenuto in precedenza informazioni diverse. Lo sperimentiamo comunemente in classe mentre passiamo 50 minuti per imparare la lezione del giorno. Iniziamo sentendo che saremo in grado di ricordare tutto ciò che ci viene insegnato. Tuttavia, al termine della lezione, non conserviamo molto di ciò che abbiamo sentito all'inizio. Il motivo è che mentre continuiamo a imparare cose nuove, quelle più recenti possono interferire con le informazioni più vecchie, specialmente se ti arrivano ad intervalli ravvicinati.

2. Interferenza proattiva

L'interferenza proattiva si verifica quando si riscontrano problemi nell'acquisizione di nuove informazioni a causa delle cose già installate nella memoria a lungo termine. Spesso accade quando le informazioni che si tenta di memorizzare sono simili a quelle apprese in precedenza. Ad esempio, stai cercando di ricordare il tuo nuovo indirizzo, ma stai lottando perché il tuo cervello è più abituato a quello vecchio.

3. Errore di recupero

L'errore di recupero si verifica perché le informazioni hanno iniziato a decadere nella memoria. È simile a quando ti sforzi di ricordare come preparare una ricetta che non hai più preparato da anni o eseguire un problema algebrico.

È importante notare che alcuni studiosi credono che ci siano quattro fasi di elaborazione della memoria, non solo tre. Mentre la maggior parte concorda con la codifica, l'immagazzinamento e il recupero come fasi ufficiali, altri sostengono che il primo stadio sia l'attenzione ("Types of Memory", n.d.).

Per prima cosa, l'informazione che si sta per codificare ha presumibilmente bisogno di attirare l'attenzione. Se non ha attraversato questa fase, potremmo non essere in grado di ricordare un sacco di cose. Pensa all'ultima volta che hai ascoltato qualcosa di interessante invece di qualcosa di poco interessante. È più probabile che ti ricordi meglio la prima modalità poiché ha "catturato di più la tua attenzione" rispetto alla seconda.

Tipi di Memoria

Conosci già alcuni tipi di memoria, ad esempio, a

breve termine, sensoriale e a lungo termine. Tuttavia, ci sono dei sottotipi che dovresti imparare.

Memoria Sensoriale

La memoria sensoriale è collegata ai cinque sensi: vista, udito, gusto, olfatto e tatto. Pertanto, i suoi sottotipi sono legati ad almeno uno dei tuoi sensi.

1. Memoria Iconica

La memoria iconica è una parte della tua visione. È collegata alla tua vista, per esempio come vedere colori vivaci con uno sfondo scuro. Attraverso questo sottotipo, i colori saranno codificati nella tua memoria. Pertanto, è possibile ricordare la forma e i colori di determinati oggetti, ma forse non lo sfondo. La memoria iconica ci permette di ricordare cose o immagini viste anche per pochi istanti.

2. Memoria Aptica

La memoria aptica di solito dura solo pochi secondi. È il processo di riconoscimento degli oggetti attraverso il tatto. Risponde a ciò che sentiamo, come un pizzico, un abbraccio, eccetera. Quando sentiamo che qualcosa è freddo, per esempio, questa è la nostra memoria tattile che si sforza di infondere nel cervello che il ghiaccio è freddo.

3. Memoria Ecoica

Quando la nostra memoria sta cercando di trasferire ciò che abbiamo appena ascoltato nella nostra memoria a breve termine, utilizza la memoria ecoica. Quest'ultimo è al lavoro quando la tua mente ripete informazioni mentre cerchi di ricordare un messaggio che vuoi scrivere. Ci vogliono solo tre o quattro secondi prima che l'idea entri nella memoria a breve termine.

Molti studiosi ritengono che ci sono altri due sottotipi di memoria sensoriale che sono correlati al nostro senso dell'olfatto e del gusto. Il problema è che non sono stati ancora studiati. Inoltre, gli scienziati hanno iniziato solo di recente a studiare le memorie iconica, aptica ed ecoica. Anche se questo significa che non si sa molto dei sottotipi sopra menzionati, sappiamo che ciò che inizia con la nostra memoria sensoriale di solito si trasferisce nella nostra memoria a breve termine.

Memoria a Breve Termine

La memoria a breve termine include la memoria di lavoro. Mentre sono simili in quanto contengono informazioni per un breve periodo di tempo, ci sono anche differenze tra i due.

La memoria a breve termine userà spesso tecniche - come il *Metodo dei Blocchi* - che ti consentono di contenere più informazioni del solito. Per esempio, invece di ricordare sette nomi, sarai in grado di ricordarne 14 perché puoi raggrupparli insieme. La memoria di lavoro, nel frattempo, è la parte della memoria a breve termine che contiene informazioni attraverso un processo di loop uditivo o visivo. Ciò significa che le informazioni continueranno a essere riprodotte ripetutamente, quindi non te ne dimenticherai rapidamente. Le informazioni all'interno della memoria di lavoro sono spesso manipolate, il che rende più facile ricordarle per un po' di tempo.

Ci sono tre fasi nella memoria di lavoro. La prima è il *Loop Articolatorio* - chiamato anche ciclo fonologico - di cui abbiamo appena discusso. La seconda fase è il *Taccuino Visuo-Spaziale*, che di solito funziona con la prima fase. Ad esempio, se hai bisogno di ricordare un numero di telefono a sette cifre, lo ricorderai meglio se non solo lo ripeti - ciclo fonologico - ma anche se usi le immagini, che è il *Taccuino Visuo-Spaziale*.

La terza è la *Fase Esecutiva Centrale*, che combina il loop articolatorio e il taccuino visuo-spaziale in uno. A questo punto, la memoria di lavoro è collegata alla memoria a lungo termine, considerando che l'esecutivo centrale trasferirà le informazioni a quest'ultima.

Memoria a Lungo Termine

Se vuoi ricordare cosa devi fare domani, devi conservare queste informazioni nella tua memoria a lungo termine oggi. Questo è l'unico tipo di memoria che mantiene ciò che hai imparato per sempre. Ora, la memoria a lungo termine ha due sottotipi principali.

1. Memoria Implicita

Le persone spesso si riferiscono alla memoria implicita come memoria inconscia. Questo tipo si riferisce all'attività che impariamo nel tempo. Ad esempio, quando stiamo cercando di costruire le nostre abilità, stiamo usando la nostra memoria implicita. Funziona anche quando iniziamo a fare qualcosa senza pensarci, come digitare una tastiera senza dover guardare i tasti, legare i lacci delle scarpe e lavare i piatti.

2. Memoria Esplicita

La memoria esplicita è comunemente nota come memoria cosciente. Questa è la forma di memoria che usiamo quando pensiamo alle nostre azioni. In sostanza, è l'opposto della memoria implicita. Questo sottotipo, tuttavia, è diviso in due parti.

La prima divisione è la *Memoria Episodica*, che si concentra sui momenti specifici che ricordi. Ad esempio, potresti ricordare di aver trascorso il quattro di luglio con i tuoi nonni quando eri più giovane. Potresti anche ricordare vividamente alcune parti dell'evento, come stare nel retro del pick-up rosso di tuo nonno a guardare i fuochi d'artificio, mangiare su un tavolo da picnic bianco e vedere la fattoria dei tuoi nonni. In generale, hai un ricordo di cosa, dove, quando e chi, che sono tutti legati a un'occasione particolare. Un altro esempio di memorie esplicite o flash (come alcuni lo chiamano) consiste nel ricordare esattamente dove ti trovavi quando hai sentito che Martin Luther King Jr. era stato colpito da un colpo di pistola o quando sono avvenuti gli attacchi dell'11 settembre 2001.

La seconda divisione è la *Memoria Semantica*, che si riferisce al recupero di informazioni fattuali. Questi ultimi di solito provengono da libri di scuola, luoghi o concetti che hai sentito o visto prima. I fatti della vita che abbiamo imparato nel tempo sono codificati anche in questo tipo di memoria. Ad esempio puoi ricordare cosa fare una volta che vai al negozio di alimentari. Sai che dovresti prendere gli alimenti di cui hai bisogno, pagarli e lasciare il negozio.

Memoria Fotografica

Un tipo di memoria che le persone non discutono spesso è la memoria fotografica. Immagina di essere in grado di ricordare una persona, un luogo o un oggetto semplicemente perché ne hai un'immagine nella tua mente e la descrivi nei dettagli. Puoi ricordare la stampa sulla t-shirt Double Excess del tuo amico, le parole principali che si leggono su una pagina di un libro, o anche le canzoni di una playlist di un DJ nell'ordine in cui sono elencate.

La *Memoria Eidetica* è spesso un altro nome per la memoria fotografica. Tuttavia, c'è una distinzione tra le due. Si parla della prima quando ricordi una elemento visivo dopo esserti allontanato da esso. Probabilmente hai fissato un oggetto, ad esempio un vaso, per un paio di secondi e poi hai guardato dall'altra parte in un secondo momento. Se vedi ancora quel vaso nella tua mente e ne ricordi i colori e il design, questa è la tua memoria eidetica al lavoro. La sua principale distinzione con la memoria fotografica, tuttavia, è che l'immagine rimane nella memoria solo per pochi secondi. Quando hai una memoria fotografica, puoi ricordare le cose per un lungo periodo di tempo poiché è immagazzinata nella tua memoria a lungo termine e non nella tua memoria sensoriale o a breve termine, che è dove si trova la memoria eidetica (Beasley, 2018)

Distinguere le due è importante ed è da tenere a mente per tutto questo libro, così come se continuerai a fare ricerche sulla memoria fotografica. Diverse fonti utilizzeranno la memoria eidetica e fotografica in modo intercambiabile, il che può facilmente confondere le persone. Tuttavia, finché ricordi le loro differenze, sarai in grado di migliorare la tua memoria con facilità.

Quando alcuni individui hanno ricordi fotografici più forti di altri, non è perché sono nati con un dono speciale. La ragione più realistica è che utilizzano diverse tecniche per rafforzare la loro capacità di ricordare le cose.

2. Benefici della Memoria Fotografica

Perché dovresti essere interessato a saperne di più sulla memoria fotografica? Dopotutto, non è esattamente quello che probabilmente pensi che sia e potresti pensare di avere già una buona memoria.

Un fattore da notare - oltre alla varietà di benefici di cui parleremo in questo capitolo - è che la memoria si deteriora. Più invecchiamo, più lotteremo per ricordare i nostri ricordi d'infanzia, cosa dobbiamo prendere al supermercato, perché siamo entrati in una certa stanza, eccetera. Tra i maggiori vantaggi di costruire la tua memoria fotografica è che imparerai decine di tecniche per coinvolgere la tua memoria. Questo renderà il tuo cervello più energico e capace di contenere più informazioni. Per non parlare del fatto che può rallentare il naturale processo di decadimento che potrebbe verificarsi nella nostra banca dati della memoria.

Prestazioni accademiche migliori

Uno degli ostacoli di provare a fare bene un esame universitario è che si ha tante informazioni da ricordare. Tuttavia, la verità è che spesso lottiamo con la memorizzazione perché siamo troppo concentrati sulle parole e definizioni. Quante volte hai usato dei bigliettini per cercare di ricordare il significato di una determinata parola? Questa è solitamente una tecnica che le persone usano quando si tratta di memorizzare. Tuttavia, ci sono molte altre tecniche utilizzate per migliorare la tua memoria fotografica che renderà questo compito più facile per te.

Di fatto, la memoria fotografica ha aiutato tante persone a migliorare le loro prestazioni scolastiche; questo è il motivo per cui un altro nome è "memoria enciclopedica" ("The Good and Bad Things," n.d.). Il motivo è che gli individui che studiano utilizzando le strategie che possono migliorare la loro memoria fotografica sono in grado di ricordare i dettagli che gli altri studenti non riescono a ricordare.

Inoltre, la memoria fotografica ti aiuterà a imparare diverse tecniche per ricordare ciò che stai imparando e tenerlo nella tua memoria più a lungo che mai. Se sei o sei stato uno studente universitario, capisci quanto possono essere veloci le tue lezioni, specialmente d'estate. A volte, devi studiare un intero capitolo o due di un grosso libro di testo e hai poco tempo a disposizione. La memoria fotografica ti aiuterà ad apprendere di più in minor tempo. Quando rafforzi la tua memoria fotografica, però, non stai solo guardando le immagini ma ci si concentra anche su ciò che si sente. Questo tratto è particolarmente importante quando è necessario evidenziare, informazioni, scrivere o fare annotazioni.

Ricorderai più informazioni nei dettagli

Quando si tratta di memoria fotografica, non importa se si sta tentando di pensare a un'immagine o a una serie di numeri o parole. Ciò che importa qui sono le strategie che possono aiutarti a ricordarle.

Il fattore importante è assicurarsi di avere una forte memoria fotografica. Più forte è la tua memoria fotografica, più informazioni e immagini sarai in grado di memorizzare nella tua mente. Pensa a quante volte hai provato a ricordare dei dettagli che hai visto in una fotografia, ma poi pochi minuti dopo ti rendi conto di non ricordare più dove era posizionata la lampada, di che colore era la camicia di una persona, o dove si trovava la finestra. Con una memoria fotografica, però, sarai in grado di ricordare tutti questi dettagli facilmente per un periodo più lungo.

La Memoria Fotografica aumenta la tua fiducia

Come ti senti quando non ricordi le informazioni che conoscevi prima? Come ti senti quando dimentichi il nome di qualcuno o quali sono i suoi interessi? Ripensa al momento in cui hai studiato per un test, ma il giorno che dovevi superarlo non ricordavi molto di ciò che avevi imparato. Allo stesso modo, quando vai al supermercato senza la tua lista della spesa, potresti faticare a ricordare cosa devi comprare. Ci sono molte cose della vita che si tende a dimenticare, magari ti sei dimenticato di acquistare lo spuntino che i tuoi figli possono portare a scuola oppure non hai detto a tuo figlio che oggi farai tardi a lavoro e che tornerai a casa tardi.

Proprio come tutti gli altri, hai dimenticato qualcosa di importante nella tua vita, che ti ha fatto sentire triste, frustrato o addirittura arrabbiato. Mentre provi a chiederti che ti succede e cerchi di andare avanti, c'è sempre una parte di te che incolpa la tua natura smemorata quando ti ritrovi a dimenticare sempre più cose. A volte, potresti persino chiederti se c'è qualcosa di sbagliato in te.

Bene, ti dirò subito che non c'è niente di sbagliato in te. È comune non riuscire a richiamare alla mente vari dettagli della nostra vita durante la giornata, indipendentemente da quanto importanti possano essere. Può essere dovuto allo stress, alla mancanza di sonno, al fatto di avere troppo da ricordare, oltre a non avere un sistema organizzato per farlo. La ragione è che non hai una forte memoria fotografica.

Poiché è possibile ricordare aspetti vitali della propria vita solo con una memoria fotografica affidabile, questo contribuirà a migliorare la fiducia in te stesso. Comincerai a ricordare quello che hai bisogno di dire ai tuoi figli o cosa prendere in negozio. Potresti anche sentirti che puoi diventare organizzato in modo da poter pensare a tutto ciò che devi fare senza stressarti o lasciare che i troppi pensieri ti impediscano di dormire.

Diventerai più consapevole

Spesso veniamo coinvolti in un compito o iniziamo a pensarci incessantemente e non prestiamo attenzione a ciò che stiamo facendo. Questo si chiama *mindlessness* (assenza di mente) e può causare molti problemi nelle nostre vite. Un esempio comune di assenza di coscienza è quando si guida per andare al lavoro e non si ricorda di aver superato determinati punti di riferimento, ad esempio, un piccolo lago o una città.

D'altra parte, puoi affermare di essere consapevole quando mostri consapevolezza verso ciò che ti circonda. Dopo tutto, sai cosa stai facendo e ti ricordi delle tue azioni.

Quando si migliora la memoria, è necessario acquisire maggiore consapevolezza delle informazioni che si desidera conservare. Dovresti iniziare a prestare maggiore attenzione al tuo ambiente, così come a quello che stai leggendo, sentendo e ascoltando. Quando si mostra più consapevolezza, si diventa più consapevoli di tutto ciò che facciamo. Anche quando non hai bisogno di ricordare un fatto, saprai comunque cosa stai facendo e perché, ed è meglio di lavorare sulle cose senza motivo.

Diventare consapevoli può aiutarti a condurre una vita più sana. Diventerai più consapevole di cosa e quanto stai mangiando, così come quando ti senti pieno. Puoi anche essere più consapevole di quanto dormi e quali pensieri ti vengono in mente. In cambio, questo può aumentare ulteriormente la tua autostima e portarti a un maggiore successo perché sarai in grado di concentrarti maggiormente sulle idee positive.

Diventerai un oratore più irresistibile

Molti di noi hanno un lavoro che ci richiede di parlare davanti alle persone. Ad esempio, potresti dover presentare un nuovo prodotto o idea davanti ad una commissione, formare nuovi dipendenti o lavorare al servizio clienti e parlare sempre davanti a degli sconosciuti. Non importa quale sia il tuo settore di lavoro, comunicare davanti a decine di persone può essere difficile, specialmente quando si deve essere persuasivi e convincenti.

Se hai già parlato prima d'ora davanti a più persone all'interno di una stanza, sai che è necessario mantenere il contatto visivo il più possibile. Ciò significa che non puoi tenere un foglio pieno di appunti, guardarlo spesso e parlare con il tuo foglio in mano. Se hai difficoltà a parlare in pubblico o non riesci a ricordare il tuo discorso, avrai problemi con il contatto visivo.

Un vantaggio di migliorare la tua memoria è che sarai in grado di memorizzare meglio le tue note. Puoi studiare e capire il tuo discorso in modo da non dover passare molto tempo a guardare il tuo foglio per essere sicuro di dire tutto. Non devi preoccuparti di perderti nei tuoi appunti e inciampare sulle parole mentre stai cercando di trovare il tuo posto. Invece, puoi salire di fronte a un gruppo di persone e parlare con fiducia mentre ricordi i punti principali del tuo discorso. Questo ti permetterà anche di ricordare il resto, te lo garantisco.

Ora, il suggerimento che ti ho dato prima, non vuol dire che non puoi avere un foglio con i tuoi appunti davanti a te. Molti oratori, a dire il vero hanno in mano qualche tipo di nota nelle loro mani. Tuttavia, devi evitare di usarli troppo per essere in grado di mantenere il contatto visivo con il tuo pubblico ed essere più persuasivo.

Avrai relazioni più profonde

Alle persone piace stare in compagnia di altre persone che ricordano qualcosa di loro. Questo le fa sentire come se ti importasse di loro. Passa del tempo a cercare di richiamare il loro cibo o film preferito, quanti figli hanno, se hanno animali domestici, qual è la loro occupazione e molto altro ancora. Inoltre, ti sentirai più connesso a loro perché puoi ricordare certe informazioni che gli altri potrebbero non sapere su di loro. Questo può aiutare in qualsiasi relazione, sia che si tratti di un partner, di un amico, di un parente o di un collega.

Diventerai più produttivo

Quando inizi a migliorare la tua memoria, potresti sentirti più produttivo. Mentre parte di questo è dovuto al fatto che la tua sicurezza aumenta, l'altra ragione è che usi meno energia cercando di ricordare alcune informazioni. Quando scaviamo nel nostro database di memoria, usiamo parte della nostra energia quotidiana. Questo ci fa sentire stanchi, e diventiamo meno concentrati poiché stiamo perdendo anche il nostro interesse e la nostra produttività nel processo.

Pensa a come ti senti vicino alla fine della giornata lavorativa rispetto a quello che all'inizio del tuo turno. Quando vai al lavoro, ti senti più eccitato perché il tuo corpo e la tua mente si sentono ancora ben riposati. Ti senti come se fossi pronto per affrontare la giornata e svolgere tutti i tuoi compiti.

Tuttavia, con il passare del tempo, inizi a rallentare e ti accorgi che stai diventando più stanco. Questo perché hai usato molta energia quotidiana per cercare di ricordare cosa devi fare, come farlo e come risolvere un problema.

Più si migliora la memoria fotografica, più facile può essere ricordare alcune informazioni per le proprie attività. Così, quando arriva la fine della giornata, ti sentirai ancora come se potessi affrontare il mondo.

Altri benefici

Ci sono dozzine di benefici quando si tratta di migliorare la memoria. Mentre non posso discuterli tutti in questo libro, ecco un elenco dei vantaggi che riceverai una volta potenziato la tua memoria fotografica.

- Puoi ricordare meglio le liste della spesa, il che ti farà dimenticare meno facilmente qualsiasi prodotto, oggetto o articolo.

- Ricorderai i nomi delle persone.

- Potrai ricordare un indirizzo più facilmente

- Puoi ricordare tutti i compiti che devi svolgere quel giorno.

- Sarai in grado di gestire i calcoli più facilmente.

- Puoi ricordare meglio i numeri di telefono, i tuoi account, PIN e altre sequenze di numeri.

- Sarai in grado di imparare una lingua straniera più facilmente, in quanto otterrai una migliore comprensione dei loro termini e pronunce.

- Ricorderai le indicazioni stradali più facilmente.

3. Miglioramenti dello Stile di Vita per la tua Memoria

Se sai di avere abitudini di vita che puoi migliorare, è più probabile che tu possa migliorare la tua memoria. Devi sapere che ci vuole molta energia perché il tuo corpo funzioni per tutto il giorno. Per questo motivo, è necessario assicurarsi di mangiare bene, dormire abbastanza e assumere altre abitudini salutari.

Questo capitolo non riguarda la garanzia di una vita migliore e più sana possibile. Riguarda il modo in cui il tuo benessere influisce sulla tua memoria. Questo significa che più ci si sente bene nel complesso, più la memoria migliorerà. Alcuni dei miglioramenti dello stile di vita discussi di seguito potrebbero già esserti familiari, il che è fantastico.

Questi sono i passi comuni che le persone possono fare per aumentare la loro memoria.

Attività fisica

L'attività fisica non è sempre qualcosa che vogliamo fare, ma è necessario per la nostra salute generale. Mentre ci alleniamo, iniziamo a sentirci meglio mentalmente e fisicamente. Questo aiuta a migliorare la nostra memoria e diminuisce il rischio di demenza.

Diversi studi dimostrano l'importanza dell'esercizio fisico per la salute del cervello. Non solo i risultati hanno dimostrato che la secrezione di proteine neuroprotettive aumenta, ma migliora anche lo sviluppo dei neuroni. Inoltre, uno studio i cui partecipanti spaziavano dai 19 e i 93 anni, hanno migliorato le prestazioni della loro memoria trascorrendo 15-20 minuti su una bicicletta stazionaria (Kubala, 2018).

Dormire a sufficienza

Proprio come l'esercizio, il sonno è importante anche quando si tratta della nostra memoria. Come ho discusso brevemente prima, più ti senti vigile durante tutta la giornata, più hai energia da mettere nei tuoi ricordi.

Un bel sonno mantiene il tuo equilibrio psico-emotivo e naturalmente, con bassi livelli di ansia e stress sarai in grado di ricordare meglio.

Dormire bene è importantissimo per il potenziamento delle funzioni cognitive, come apprendimento, attenzione e concentrazione. Il sonno è fondamentale per le prestazioni cognitive e gioca un ruolo fondamentale nel processo di memorizzazione. Mentre dormiamo vengono potenziate e riattivate le tracce mnestiche che vengono incorporate nella banca dati della memoria a lungo termine.

Uno dei motivi principali per cui i disturbi del sonno disturbano la funzione della memoria è perché intralcia il trasferimento dei ricordi dal database della memoria a breve termine a quello a lungo termine.

Quando si ottiene il sonno necessario, si innesca le parti del cervello che collegano il processo con le cellule cerebrali. Pertanto, maggiore è la quantità di sonno che ottieni, più facile diventerà il transfert ("Improve Your Memory With a Good Night's Sleep," n.d.). Il sonno REM è fondamentale per il consolidamento della memoria. È stato dimostrato che senza sonno REM la memoria non si consolida.

Inoltre, il nostro cervello è ancora attivo quando dormiamo. Mentre stiamo riposando, collega le informazioni che abbiamo imparato dai nostri ricordi precedenti o più vecchi. Spesso ci dà sogni o ragioni per avere lampi di genio il giorno seguente. Può permetterci di risolvere i problemi con cui abbiamo avuto difficoltà in precedenza.

Mangiare sano

Un modo per migliorare la funzione cerebrale è mangiare in modo sano o seguire una "dieta della memoria".

Una di queste diete può essere la Dieta Mediterranea, come è nota per aumentare la memoria e rallentare il declino cognitivo dovuto all'età. Si compone principalmente di frutta, verdure di stagione, cereali integrali, erbe aromatiche, frutta secca, legumi e olio extravergine di olive spremuto a freddo. Mangerete anche più pesce e frutti di mare rispetto alla carne rossa o magra. Tuttavia, si mangia più pollo o tacchino rispetto a manzo e altre carni rosse.

Se sei un anziano, è meglio guardare la dieta MIND, che sta per Mediterranean-DASH Intervention for Neurodegenerative Delay ed è simile alla dieta mediterranea. In verità, gli studi hanno dimostrato che questa dieta ha contribuito a ridurre i segni del morbo di Alzheimer del 53% (Alban, 2018). Tuttavia, è necessario ottenere almeno tre porzioni di cereali integrali al giorno e 28 grammi di frutta secca. Dovresti anche avere un'insalata e un altro piatto vegetariano ogni giorno, oltre a pollo e frutti di bosco due volte a settimana. I cibi che devi avere più di una volta alla settimana sono pesce e legumi.

Prendere integratori

Se sei come la maggior parte delle persone, probabilmente hai una vita frenetica. In effetti, potresti pensare che non hai il tempo di assicurarti di poter seguire una dieta specifica in questo momento. Se ti ci ritrovi in questo, molti esperti consigliano di provare a prendere integratori per la memoria, come olio di pesce, curcumina e multivitaminici.

È importante notare che le pillole non dovrebbero sostituire la quantità di sonno o esercizio di cui hai bisogno ogni giorno. Dovresti comunque mangiare cibi sani il più possibile.

Guarda la quantità di stress con cui hai a che fare

Avere a che fare con un po' di stress va bene per la tua memoria. In realtà, lo stress acuto può addirittura aumentarla. Tuttavia, avere una grande quantità di stress cronico causerà la perdita della memoria.

Potresti averlo già notato con te stesso quando ti senti troppo stressato. Ti ritrovi a dimenticare di andare agli appuntamenti con i dottori dei tuoi figli, partecipare a riunioni di lavoro, restituire i libri della biblioteca in tempo, e fare altre commissioni che dovevi fare nell'arco della giornata.

La maggior parte delle persone inizierà a preoccuparsi della loro perdita di memoria e temono che sia un segno precoce dell'Alzheimer o di un'altra condizione patologica. Tuttavia, anche se è sempre una buona idea farsi controllare dal proprio medico di fiducia, è probabile che si sia semplicemente sopraffatti dallo stress cronico.

Ad esempio, Maria è una madre di 33 anni di tre bambini di età compresa tra 2 e 7. Lei e suo marito fanno due lavori ciascuno in modo da poter sostenere la loro famiglia, vivere comodamente, risparmiare per l'istruzione universitaria dei loro figli e prepararsi per la pensione. Maria è costantemente sottoposta a stress cronico tra le 60 e le 70 ore alla settimana, le pulizie di casa, la cura dei bambini, la cucina, il pagamento delle bollette e l'esecuzione di altre commissioni. Ultimamente, ha notato che si dimentica di pagare le bollette in tempo, portare i suoi figli ai loro appuntamenti, trasferire denaro nei conti giusti e acquistare generi di prima necessità al supermercato.

Poiché Maria ha paura di ciò che sta accadendo, fissa un appuntamento con il suo medico di base. Questo medico informa Maria che l'unico problema è che sta affrontando molte cose stressanti contemporaneamente. Per migliorare la sua memoria, uno dei primi passi che deve compiere è abbandonare qualche mansione.

Dopo aver parlato con suo marito, decidono che Maria lascerà il suo lavoro part-time, che le darà dalle 20 alle 30 ore settimanali per prendersi cura della famiglia e della casa. Da allora, Maria ha notato che può ricordarsi di nuovo di eseguire tutte le sue commissioni, pagare le bollette in tempo e assicurarsi che i loro figli arrivino ai loro appuntamenti.

Altri modi per migliorare la tua memoria

- Limitare il consumo di alcol
- Smettere di fumare
- Meditare
- Mantenere la tua mente stimolata
- Prendere aria fresca
- Mantenere una mentalità positiva
- Uscire e godersi la vita

4. Il Palazzo della Memoria

Il palazzo della memoria è anche conosciuto come *Tecnica dei Loci* (plurale del termine latino locus, che significa "luogo"). Questo concetto è in circolazione dall'antica Roma ed è essenziale da capire quando si lavora per migliorare la memoria fotografica. Il palazzo della memoria è un luogo immaginario nella tua mente che hai basato su un luogo reale.

Ad esempio, sai com'è fatta la tua camera da letto senza dover essere lì. Puoi anche descrivere il tuo ufficio di lavoro anche se non ci sei dentro. Quindi, puoi usare le immagini mentali nel tuo cervello per collegarle a ciò che devi ricordare.

Come funziona il Palazzo della Memoria?

Quando pensi a un palazzo della memoria, dovresti pensare a una costruzione domestica per capire come funziona. Puoi costruire le stanze della tua casa una ad una quando è necessario ricordare altre attività, ad esempio comprare cose per riempirle e la creazione di altre aree che è necessario completare quella settimana. Con ogni lista di cose da ricordare, puoi costruire una nuova stanza nel tuo palazzo della memoria. Ogni volta che costruisci una stanza o aggiungi informazioni a una esistente, continui a rafforzare il tuo palazzo della memoria. Questi dettagli saranno memorizzati nel tuo palazzo e potrai richiamarli in qualsiasi momento.

Impostare il proprio Palazzo della Memoria

Per spiegare ulteriormente come impostare il tuo palazzo della memoria, esaminiamo insieme alcuni suggerimenti.

1. Scegli un posto familiare

Puoi scegliere qualsiasi posto, ma devi assicurarti di ricordare tutto su di esso. Ad esempio, se scegli il tuo soggiorno, dovresti essere in grado di ricordare la sua forma o dove hai posizionato diversi tipi di mobili. Se scegli il tuo ufficio, devi fare la stessa cosa. È sempre una buona cosa dare una attenta occhiata alla stanza che hai scelto prima di continuare, per fare in modo che non ti perderai tutto ciò che può essere essenziale per il tuo palazzo della memoria.

Mentre conosciamo i luoghi che vediamo ogni giorno, possiamo dimenticare certi oggetti perché sono sempre lì. Semplicemente non ci pensiamo molto spesso, quindi potresti non ricordare la loro posizione quando stai cercando di creare il tuo palazzo mentale.

Una volta che è il momento di iniziare a richiamare la tua lista, devi immaginare di andare nel luogo scelto. Se scegli il tuo soggiorno, ad esempio, devi immaginarti di camminare fino a casa tua e poi entrare nel tuo soggiorno. Puoi anche immaginarti mentre cammini dalla tua camera da letto, nel tuo corridoio e poi nel soggiorno. Non importa creare una scena specifica in questo passaggio: basta visualizzarsi mentre si va nel luogo scelto.

2. Fai una lista di ciò che ricordi

Mentre stai camminando nel tuo salotto, devi ricordare tutti gli oggetti che vedi mentre lo fai. Ad esempio, se vieni dalla camera da letto e vai in salotto, immaginerai di uscire dalla tua camera e di passare il corridoio verso il tuo soggiorno. È inoltre possibile visualizzare la porta che conduce ad altre stanze, eventuali foto che possono essere appese alle pareti, così come i tavolini o i mobili che si trovano nel corridoio. Allo stesso modo, puoi immaginare parti del soggiorno che puoi vedere dal corridoio, come un plantacquario o un orologio sul muro.

3. Designare e associare

Questo un po' a volte diventa complicato per le persone, ma molti altri si divertono con questo. Quando hai bisogno di iniziare a designare e associare le cose, significa che devi scegliere gli oggetti che immagini intorno alla tua posizione e collegarli a ciò che è nella tua lista di cose da ricordare. Il punto è che devi creare un'immagine nella tua mente che andrai a ricordare. Devi farla risaltare e il modo migliore per farlo è trasformare il tuo oggetto di tutti i giorni, in un qualcosa di interessante e pazzo. Più folle è, meglio è!

Ad esempio, quando noti una porta nel tuo

corridoio, potresti pensare che sia composta da Post-it gialli, proprio come quelli nella tua lista della spesa. Potresti immaginare il tavolino nel corridoio a forma di cavolfiore perché devi prendere il cavolfiore al negozio di alimentari. Puoi anche immaginare il pesce che nuota nel succo di mirtilli da un lato e il succo d'aloe vera nell'altro. Dovrai associare ciascun elemento della tua lista ad un oggetto che hai visto nel tuo luogo.

Un trucco particolare a cui molti non pensano subito è quello di fare una associazione in ordine cronologico delle cose di cui hanno bisogno di prendere. Ad esempio, se stai andando nel centro della tua città perché hai bisogno di articoli per la casa e generi alimentari, sceglierai il primo prima di quest'ultimo. Pertanto, devi assicurarti di immaginare tutti i tuoi articoli per la casa, preferibilmente nel modo in cui li prenderai dal negozio, all'inizio del tuo luogo prima di passare al negozio di alimentari. Quando si tratta di richiamare la tua lista, ti sarà utile richiamare l'articolo nello stesso ordine in cui lo metterai nel carrello.

Dovresti sempre ricordare che la pratica rende perfetti. È sempre una buona idea, specialmente quando ti stai abituando al tuo palazzo della memoria, di scrivere la lista nello stesso ordine in cui prenderai gli oggetti nel negozio. Quindi, prendi la lista con te quando vai a fare acquisti. Tuttavia, non guardarlo a meno che non stai avendo problemi a ricordare alcune cose o perché vuoi ricontrollare per essere sicuro di aver preso tutto prima di andare alla cassa.

Puoi avere più di un Palazzo della Memoria

Molte persone si chiedono spesso se possono avere più di un palazzo della memoria. La verità è che si può. Quando stai iniziando a costruire il tuo palazzo mentale, però, è meglio attenersi a uno per un po' o almeno fino a quando non ti senti a tuo agio a fare trasferimenti da un palazzo di memoria all'altro.

Infatti, una volta che sei al 100% a tuo agio con il tuo

primo palazzo della memoria, potresti pensare di crearne un secondo e poi un terzo, un quarto e così via. Non c'è limite quando si tratta di quanti palazzi della mente si possono creare purché si abbia familiarità con il numero e si può continuare a saltare da uno all'altro.

Come funziona il trasferimento da un palazzo della memoria ad un altro? Dipende fondamentalmente dalla tua lista. Ogni lista che stabilisci nel tuo palazzo della memoria rimarrà lì, specialmente se ti ricordi la lista di tanto in tanto. Detto questo, non puoi fare a meno di perdere di vista alcune liste. Ad esempio, potresti dimenticare le tue liste della spesa perché tendono a cambiare ogni settimana. Tuttavia, puoi sempre richiamare gli altri set che desideri conservare nella memoria, ad esempio i nomi di 45 fiori o i 45 presidenti degli Stati Uniti.

È importante notare che entrambe le liste menzionate sopra avranno il loro palazzo della memoria. Ad esempio, inizierai associando i 45 presidenti agli oggetti all'interno del tuo ufficio. Quindi, una volta completato e praticato, e non avrai problemi con questo palazzo della memoria, sarai in grado di passare alla lista successiva. Ogni fiore può anche essere associato a un presidente. Per esempio, George Washington puoi paragonarlo ad una rosa rossa, John Adams ti ricorda un girasole e Thomas Jefferson può diventare un lilla. Ma questa è un altra tecnica.

5. L'Occhio della Mente

Imparerai a conoscere meglio l'*Occhio della Mente* man mano che migliorerai la tua memoria fotografica. Questo perché l'occhio della mente è una parte della tua mente che ti permette di ricordare stanze, oggetti o qualsiasi altra cosa esattamente come sono.

La sua definizione è quella di essere in grado di pensare a ciò che non è direttamente di fronte a noi (Friedersdorf, 2014). Tuttavia, l'occhio della mente può fare di più che permetterti di vedere ciò che sai anche quando non è lì. In realtà, è anche in grado di creare immagini speciali per te.

Ad esempio, se qualcuno ti dice di immaginare un gatto viola con un cappello da strega nero che oscilla sulle linee elettriche, sarai in grado di immaginarlo perfettamente.

Uno dei migliori consigli quando si tratta di usare l'occhio della mente è quello di fare il possibile per limitare le distrazioni. Si tratta di costruire un'immagine attraverso i cinque sensi. Pertanto, quando sei distratto, non sarai in grado di prestare attenzione a ciò che senti, odori, ascolti, assapori o vedi.

Questo può causare interruzioni con l'occhio della mente e rendere più difficile la creazione di immagini che si possono richiamare in seguito.

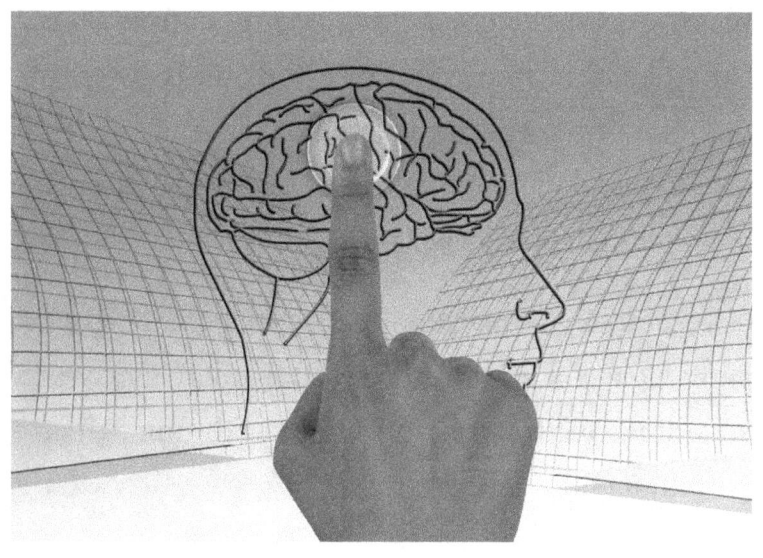

Mantieni lucido l'Occhio della Mente

Tutti lottano per tenere lontane le distrazioni di tanto in tanto. Pertanto, ci sono un sacco di tecniche che è possibile utilizzare al fine di mantenere lucido l'occhio della mente senza che esso venga disturbato.

L'osservazione è la chiave

Ad alcune persone viene naturale diventare dei bravi osservatori, altri invece durano fatica con questo. Se scopri che sei uno che dura fatica, sappi che devi sviluppare le tue abilità di osservazione in quanto sono importanti per sviluppare il tuo occhio della mente. Il modo migliore per farlo è cominciare ad osservare tutto quello che hai in casa e fuori. Puoi iniziare guardando attentamente un vaso collocato nel tuo salotto. Notare i colori e i disegni sul vaso. Non è necessario toccare o prendere in mano il vaso, ti basterà semplicemente stare di fronte al vaso e osservare tutto nei dettagli. Si può notare una crepatura in alto oppure una parte della vernice che sta iniziando a scheggiarsi. Annota tutte queste informazioni e poi lascia la stanza. Quindi cercherai di ricordare il vaso il più possibile con la tua mente. Dopo averlo immaginato, dovresti tornare indietro e vedere quanto bene hai ricordato tutti i dettagli.

Puoi testare ulteriormente le tue capacità di osservazione lasciando la stanza e aspettando un paio di minuti prima di provare a immaginare il vaso. Puoi quindi disegnarlo o tornare nella stanza per vedere quanto sei arrivato vicino a ricordare ogni singolo dettaglio.

Annotati le informazioni

Quando inizi a osservare gli oggetti, la natura o le caratteristiche di una stanza, ti troverai distratto. Noterai la tua mente vagare verso qualcosa che non riesci a controllare. Quando ciò accade, una delle tecniche migliori è iniziare a scrivere ciò che stai osservando. Ad esempio, sei seduto fuori sotto il tuo portico e stai cercando di guardare il grande albero nel cortile del tuo vicino. Tuttavia, ti sforzi di mantenere lo sguardo su di esso perché hai cominciato a dare un'occhiata alla loro casa e ti sei distratto dalle persone che camminano per strada, dai cani che abbaiano e dai bambini che giocano. Per evitare di dimenticare ciò che stai facendo, dovresti annotare tutto ciò che hai osservato sull'albero. Per i principianti, concentrati sul tronco dell'albero. Noterai come la corteccia prende forma sull'albero, come ne manchi un po' e poi cominci a vedere dove iniziano i rami. Devi descrivere i rami e le foglie sulla carta, terminando con il fatto che l'albero è più alto della casa.

Fermati a sentire il profumo delle rose

Abbiamo tutti sentito l'espressione che a volte abbiamo bisogno di "prendere il tempo di fermarsi e di sentire l'odore delle rose". Ciò significa che ti stai muovendo troppo velocemente nella vita e non ti stai godendo alcune delle sue migliori caratteristiche. Forse non stai passando del tempo di qualità con la tua famiglia, non ti permetti di ammirare la bellezza della natura o non ti fermi a guardare ciò che ti circonda. In ogni caso, devi prendere il tempo di osservare ciò che è intorno a te, in modo causale, durante tutta la giornata per essere in grado di apprezzare ciò che hai.

Molte persone impegnate che hanno difficoltà a gestire lo stress trovano questo uno dei modi migliori per riconoscere quanto siano benedetti. Quando iniziano a sentirsi sopraffatti, interromperanno il loro lavoro quando possibile e controlleranno il loro ambiente.

Noteranno la gente intorno a loro, quello che stanno facendo, e come suonano le loro voci. Vedranno gli insetti sui fiori o gli uccelli che volano nel cielo. Non è necessario osservare l'ambiente circostante per un lungo periodo di tempo; devi solo assicurarti di avere almeno qualche minuto per osservare dove sei e cosa sta succedendo intorno a te. Questo non solo migliorerà le tue capacità di osservazione, ma ti aiuterà anche a connetterti con il mondo.

Parte del miglioramento della tua memoria fotografica è imparare il più possibile in modo da poter associare determinati elementi alle cose che devi ricordare. Più conoscenze hai, e più sarà facile l'associazione per te.

6. Le Mappe Mentali

La scienza ha dimostrato più volte che il cervello contiene un potenziale enorme che aspetta solo di essere liberato. Uno dei modi per liberare questo potenziale è iniziare ad usare il metodo delle mappe mentali di Tony Buzan e Barry Buzan (2018).

Questo potente strumento, oltre a sfruttare il tuo potenziale innato ti aiuta ad organizzare i tuoi pensieri, pensare meglio e sopratutto a ricordare quello che impari. Le mappe mentali utilizzano degli elementi fondamentali per il funzionamento complessivo del cervello, come: ritmo visivo, schematizzazioni, colori, immagini, immaginazione, dimensioni diverse, consapevolezza spaziale, Gestalt e tendenza a completare le associazioni.

Questo sistema ti permette di usare l'intera gamma delle tue capacità mentali. Ti aiuterà nella creatività, il problem solving, la pianificazione, la memoria, il pensiero e ad affrontare i cambiamenti.

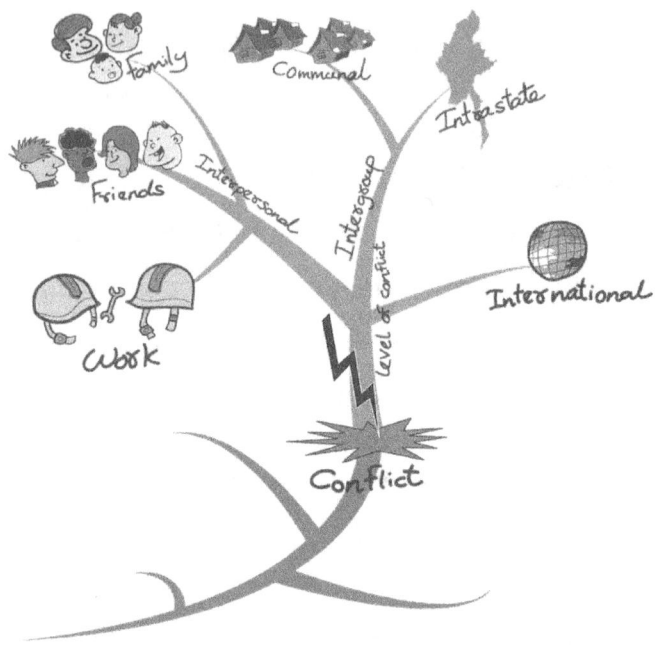

Vorrei aprire una piccola parentesi sul grande Leonardo da Vinci, non solo perché è nato a pochi chilometri da casa mia, ma perché come altri grandi geni del passato, è riuscito ad attingere ad una gamma più ampia di capacità mentali rispetto ai loro simili. Infatti le grandi menti del passato hanno usato una porzione molto più ampia delle capacità mentali di cui ognuno di noi dispone.

Cosa è che rende speciale la mente di Leonardo? Il suo cervello invece di pensare in un modo più lineare come i suoi contemporanei, ha cominciato ad usare intuitivamente i principi delle mappe mentali, e quindi del *Radiant Thinking* (pensiero radiante).

Questa forma di pensiero, è il modo più semplice e naturale per usare il cervello perché di fatto, il nostro cervello contiene già mappe mentali.

Il meccanismo di pensiero del cervello, è come un sofisticato marchingegno in grado di produrre associazioni ramificate, con linee di pensiero che si irradiano ad un numero infinito di informazioni e dati. Questa struttura riflette le reti neurali che rispecchiano l'architettura fisica del cervello.

Se analizziamo gli appunti di Leonardo possiamo notare parole, simboli, sequenze, liste, analisi, associazioni, ritmo visivo, Gestalt, dimensioni diverse, numeri e figure. Questo è un esempio di mente completa che si esprime in modo globale e che fa un intero uso delle sue attività corticali.

Sarà difficile eguagliare il genio di Leonardo, ma

sicuramente questo potente strumento ci aiuta a liberare il potenziale immenso che abbiamo nel nostro cervello. Prova, resterai soddisfatto delle tue prestazioni mentali.

Elementi essenziali delle Mappe Mentali

Perché le mappe mentali ci aiutano ad imparare e ricordare meglio rispetto agli appunti tradizionali? Innanzitutto gli appunti tradizionali sono monocolore e monotoni. Gli appunti di un solo colore sono difficili da ricordare, sono noiosi e quindi saranno dimenticati perché il cervello si annoia, si spegne e tende ad ignorarli. Sono predisposti per addormentare il cervello. È una metodologia che non sfrutta le capacità della nostra corteccia cerebrale e questo limita le capacità associate ai nostri emisferi destro e sinistro. Quindi queste capacità non possono interagire le une con le altre e ostacolano un circolo virtuoso di movimento e di crescita. Insomma, questa stesura lineare degli appunti incoraggia a rifiutare l'apprendimento e a dimenticare quello che abbiamo imparato. Impedisce al cervello di fare associazioni, limitando la tua creatività e la tua memoria. È un narcotico mentale che rallenta e inibisce i tuoi processi di pensiero

Invece creare le mappe mentali ti permette di lavorare con le parole chiave che ti trasmettono subito idee e concetti importanti, andando ad oscurare una lunga serie di parole che hanno una minore importanza. Questo permette al tuo cervello di fare delle appropriate associazioni tra i concetti chiave.

Se vuoi prendere appunti in modo efficace, sono 3 le cose fondamentali che devi ricordare: *Brevità*, *Efficienza* e *Coinvolgimento Attivo*.

Ecco perché il mind mapping è conosciuto come uno dei migliori metodi per codificare e recuperare informazioni dalla banca dati della tua memoria. Mentre ogni contenuto che crei attraverso le mappe mentali sarà diverso, tutte le menti sono organizzate in un modo specifico, il che le rende simili. Tutti usano l'immaginazione per ricordare facilmente le cose, così come i colori che fanno risaltare gli oggetti. Quando pensi a una mappa mentale, pensa a una normale mappa di una città o di un centro commerciale. C'è sempre un centro e poi tutto il resto si dirama da lì.

Quando si parla di mappe mentali, ci sono cinque aspetti che è necessario sapere.

1. Devi avere un centro. Questa sarà la tua materia principale o idea, ad esempio la Guerra Fredda.

2. Ogni tema che proviene dal tuo centro sarà composto da rami. Ad esempio, un ramo della Guerra Fredda si potrebbe riferire al motivo per cui è accaduto, un altro al Muro di Berlino, e un altro ancora potrebbe essere costituito dalle conseguenze.

3. Ogni ramo ha una parola chiave o un'immagine che è possibile associare alla propria memoria. Ad esempio, con il muro di Berlino, puoi immaginare un muro.

4. Puoi anche creare ramoscelli con temi meno importanti che escono dai tuoi rami principali. Questo è proprio come un ramo di un albero che ha ramoscelli più piccoli o rami collegati ad esso. Ovviamente ogni ramoscello deve essere pertinente al suo ramo.

5. Attraverso i rami si formerà una struttura nodale.

Crea la tua Mappa Mentale

Puoi usare qualsiasi tipo di idea o tema per creare la tua mappa mentale.

Per prima cosa, devi iniziare dal centro, che è l'idea principale della tua mappa mentale. Puoi creare un'immagine come parte della tua idea o usare una parola chiave. Qualunque cosa tu faccia, devi renderla colorata, qualcosa che puoi facilmente ricordare. Pertanto, ti aiuterà a rendere la tua immagine un po' come un cartone animato, pazzo e vibrante.

Secondo, devi realizzare i temi del tuo ramo, in modo che derivano dall'immagine centrale. Per aiutare te stesso con questo processo, puoi fare brainstorming e scrivere i temi del ramo in anticipo. Puoi anche farlo con qualsiasi sottotema, che aggiungerai in seguito. Ad esempio, se il tuo tema centrale è il cibo, i tuoi rami possono essere composti da carne, pesce, verdura e cereali integrali. Riuscirai a ricordare meglio il tutto abbinando un'immagine per ogni ramo, e dare ad ogni ramo un colore diverso.

Terzo, dovresti aggiungere i sottoargomenti o i tuoi ramoscelli. Proprio come quello che hai con i rami, puoi renderli colorati e divertenti come vuoi.

È importante rendersi conto che una mappa non finisce mai veramente. Puoi creare tutti i sottotemi che desideri. Tutto quello che devi fare è mettere in relazione il tema del ramo con l'idea centrale. Probabilmente ti troverai ad aggiungere informazioni alla tua mappa mentale mentre continui a raccogliere maggiori dettagli sull'argomento.

Il tema delle mappe mentali meriterebbe un libro a parte, se vuoi imparare a padroneggiare questa potente tecnica, ti consiglio di studiare il libro *"Mappe Mentali"* di Tony e Barry Buzan.

7. La Famiglia della Mnemotecnica

Usi spesso le mnemoniche per ricordare determinate informazioni. Ad esempio, "Come Quando Fuori Piove" è una mnemonica per ricordare Cuori, Quadri, Fiori e Picche. Le scuole usano spesso frasi simili per insegnare ai bambini.

Le mnemoniche possono assumere varie forme, come testi di canzoni, filastrocche, espressioni, modelli, connessioni e acronimi.

Principi fondamentali delle mnemoniche

Prima di entrare nel dettaglio delle varie forme di mnemoniche, dobbiamo discutere tre punti fondamentali: *associazione, posizione* e *immaginazione*.

Associazione

L'associazione ha luogo quando colleghi ciò che vuoi ricordare a ciò che ricorderai. Ad esempio, quando pensi che Thomas Jefferson è stato il terzo presidente degli Stati Uniti e l'autore della Dichiarazione di Indipendenza, puoi immaginare la Dichiarazione di Indipendenza o il numero 3 a forma di Thomas Jefferson. È importante notare che quando si creano le proprie associazioni, è necessario raffigurarle da soli. Sarai in grado di ricordare meglio queste informazioni se le associ a qualcosa a cui hai pensato.

Ci sono molti modi per ricordare le cose per associazione. Oltre alle immagini e i numeri, puoi unire gli oggetti, metterli uno sopra l'altro o immaginare i due oggetti che ballano insieme o avvolti l'uno intorno all'altro. Devi lasciare che la tua mente diventi il più creativa possibile. Ricorda, questo non è il tipo di informazioni che dovrai condividere con qualcun altro. Pertanto, non devi preoccuparti di ciò che gli altri penseranno delle tue associazioni. Ciò che conta è che tu sia in grado di recuperarle rapidamente dalla banca dati della tua memoria.

Posizione

Concentrarsi su una location, ti offre due cose: una modalità per separare una mnemonica dall'altra e fornire un contesto coerente in cui le informazioni possono essere collocate in modo da collegarle. In questo modo sarai in grado di separare una mnemonica impostata nel luogo X da un'altra simile situata nel luogo Y.

Ad esempio se imposti una mnemonica su Firenze e un'altra mnemonica simile su New York, riuscirai a separarle senza poterti confondere. Non avrai nessun conflitto con altre immagini e associazioni.

Immaginazione

Userai la tua immaginazione per creare i collegamenti tra ciò che devi ricordare e ciò con cui lo hai associato. Diciamo che, quando hai creato le immagini di una porta con Post-it gialli, hai usato la tua immaginazione. Così, puoi permettere alla tua immaginazione di essere creativa e un po' pazza quando cerchi di immaginare cose o parole chiave per scopi associativi.

Tipi di mnemoniche

Ode o rima

"Trenta giorni ha novembre con april, giugno e settembre, di ventotto ce n'è uno, tutti gli altri ne han trentuno..." - è una delle rime più conosciute fino ad oggi. Puoi creare infiniti tipi di mnemoniche che puoi usare per ricordare tutte le cose che vuoi. Un altro utilizzo di questa tecnica viene quando è necessario richiamare le regole della lingua italiana, ad esempio "Are, Ere, Ire, l'acca non voglion sentire."

Musica

Scrivere testi o creare una piccola canzone può essere utile se ti piace fare musica. Prenditi un momento per pensare a quanto sia facile per te memorizzare le canzoni. Puoi persino suonarla o cantarla nella tua testa senza fare affidamento a lettori musicali.

Acronimi

Gli acronimi sono uno dei modi più popolari per creare mnemoniche. Per fare un acronimo, basta prendere la prima lettera di ogni parola o concetto e si crea un proverbio con esso. Ad esempio, "Keep Educating Yourself" può essere abbreviato con KEY, mentre TTYL è l'acronimo di "Talk To You Later". Probabilmente, stai usando gli acronimi quasi ogni giorno tramite applicazioni di messaggistica istantanea o messaggi di testo.

Grafici e piramidi

I modelli sono un altro tipo di mnemonica. Ad esempio, la piramide alimentare, insegna ai bambini e aiuta le persone a ricordare quali alimenti sono più importanti di altri. Se dai un'occhiata a una piramide alimentare, vedrai che cereali integrali e verdura ne prendono la parte più grande e quindi sono situati nella parte inferiore, mentre i dolci - la categoria alimentare meno importante, che possiamo anche eliminare dalla piramide - sono in cima. Quando guardi ciascun gruppo, vedrai il loro livello di importanza in base a dove sono posizionati all'interno della piramide.

Le connessioni

Le connessioni sono un altro modo per aiutarci a ricordare le cose attraverso le mnemoniche. Ad esempio, potrebbe esserti stato insegnato il termine "lungo" quando stavi cercando la linea longitudinale sul globo, che è la linea più lunga che collega i poli nord e sud. La ragione per cui la gente ricorda la parola è perché le prime lettere suonano quasi uguale nella parola "longitudinale".

Parole ed espressioni

Molte persone scambiano parole ed espressioni per acronimi, ma sono diversi. Quando si sta creando un acronimo, in genere si crea una parola breve o un'abbreviazione. Tuttavia, quando usi una parola o un'espressione per aiutarti a ricordare le cose, stai usando questo tipo di mnemonico. Per esempio quando andavo a lezione di chitarra non riuscivo a ricordare le note in inglese. Allora il mio maestro di chitarra mi disse che dovevo ricordare la frase "Every Good Boy Does Fine Always" che è la frase che utilizzano spesso gli insegnanti di musica per insegnare le note EGBDFA ai bambini. È più facile ricordare l'espressione, dopo tutto, di una serie di lettere.

L'ordine delle operazioni in matematica è un altro esempio comune di queste mnemoniche. Funziona così: Parentesi, Esponenti, Moltiplica, Dividi, Aggiungi e Sottrai. Prendendo la prima lettera da ciascuna di queste parole si crea PEMDAS. Il fatto è che il nome effettivo di ogni simbolo è quasi impossibile da ricordare facilmente. Pertanto, la mnemonica comunemente usata in lingua inglese è la frase "Please Excuse My Dear Aunt Sally".

Acrostici

Un acrostico è una forma poetica che può essere utilizzata come mnemonica per facilitare il recupero della memoria. Di fatto è una frase nella quale le lettere o le sillabe iniziali di ogni parola sono le iniziali dei concetti o delle parole da ricordare.

Quindi pensa ad una sequenza di lettere per aiutarti a ricordare una serie di fatti in un ordine particolare, proprio come quelli che abbiamo visto in precedenza: "Every Good Boy Does Fine Always" e "Please Excuse My Dear Aunt Sally".

8. Tecniche di Memoria di Base

Potresti avere difficoltà a ricordare nomi, numeri, volti o quali ingredienti hai bisogno di comprare al supermercato. Qualsiasi cosa sia, sembra che succeda spesso, e forse fatichi a ricordarli ogni volta. Questo può diventare frustrante per chiunque. Fortunatamente, insieme alle tecniche che abbiamo già discusso in precedenza, esistono strategie per migliorare la quotidianità che puoi utilizzare anche per migliorare la tua memoria.

Annotare le informazioni

Abbiamo già menzionato in un capitolo precedente che dovresti scrivere le informazioni quando stai provando a costruire le tue capacità di osservazione.

Ma questo atto ti aiuterà anche a costruire la memoria in generale.

Al giorno d'oggi, è difficile non sedersi e digitare le informazioni da ricordare. È molto più rapido aprire un documento Microsoft Word o Documenti Google e iniziare a digitare le informazioni piuttosto che tenerle in mente. Questo ti induce erroneamente a sentire che, poiché hai pensato le informazioni e hai passato del tempo a scriverle, ricorderai tutto più facilmente.

La verità è che questo è utile solo se hai bisogno di scrivere qualcosa velocemente. Non migliora la tua memoria quanto potrebbe fare la scrittura a mano. La scrittura integra più sensi, il tatto, la vista, e coinvolge contemporaneamente la memoria a breve e a lungo termine. Stimola tutta la corteccia cerebrale e attiva le facoltà dell'attenzione e della concentrazione.

Il motivo principale per cui la scrittura funziona meglio è che stai attivando delle cellule cerebrali che altrimenti non useresti quando inizi a usare la mano. Questo insieme di cellule nervose, note come sistema di attivazione reticolare o RAS, indicano al cervello di concentrarsi maggiormente sui compiti che stai svolgendo.

Un altro motivo è che, quando scrivi, è più probabile che riformuli l'informazione con parole tue. Invece di digitare informazioni parola per parola, cosa che spesso fanno le persone, penserai a ciò che è stato detto e lo scriverai a modo tuo. Avrà lo stesso significato ma con parole diverse. Poiché spenderai energia pensando a questo, sarai più propenso a ricordare le informazioni.

Impara come se dovessi insegnare

In molti sostengono che il modo migliore per imparare qualcosa è studiare come se dovrai insegnare a qualcuno quello che stai studiando. Se stai cercando di imparare nomi o una serie di numeri e memorizzi le informazioni per un esame, più credi che lo insegnerai, più sarai coinvolto.

Un altro trucco è quello di imparare le informazioni come se avessi bisogno di insegnarle a un bambino. Questo ti aiuterà a mettere le informazioni in una forma semplice, che rende sempre più facile capire e ricordare qualsiasi idea o concetto. Come ha detto Einstein, se non lo sai spiegare in modo semplice, non l'hai capito abbastanza bene.

Organizza la tua mente

Sono in molti a pensare che una delle migliori tecniche da usare, specialmente per i principianti, sia organizzare la propria mente. Dopo aver organizzato i tuoi pensieri, dopo tutto, sarai in grado di ricordare meglio qualsiasi informazione. Ciò porta anche a un'importante scelta di stile di vita, considerando che potresti voler assicurarti che il tuo ambiente circostante sia pulito e organizzato. La ragione di ciò è che le persone spesso si sentono più rilassate in una stanza ordinata. Se puoi farlo a casa tua, puoi farlo anche nella tua mente.

Pensa un attimo a come ti senti quando la scrivania, il tavolo da lavoro o il piano della cucina sono sgombri e ordinati. Ci vuole molto più sforzo per concentrarsi su un compito quando c'è confusione ovunque. Ora, immagina quanto sarà più facile svolgere qualsiasi tipo di attività se la tua area di lavoro è pulita e ordinata.

A questo punto, ti starai chiedendo come puoi lavorare per rendere la tua mente più organizzata. Dopotutto, non è esattamente come la tua scrivania da lavoro dove puoi prendere un oggetto e metterlo via. Mentre questo è principalmente vero, ci sono molti consigli e trucchi che puoi usare per organizzare la tua mente.

Utilizza una lista scritta

Ancora una volta, puoi usare una lista per aiutare la tua mente ad essere più organizzata. In verità, le persone si sentono naturalmente più a loro agio quando hanno una lista su cui contare. Per cominciare, permette loro di sapere esattamente cosa devono fare. Inoltre, se la tratti come una lista di controllo, sarai in grado di cancellare ciò che hai fatto.

Il punto di questo suggerimento è che devi conservare solo le informazioni che contano. così facendo, in un certo senso, scarti tutto ciò che non è più necessario tenere a mente.

Questo è il motivo per cui è necessario utilizzare il metodo di lista scritta di tanto in tanto.

Sii coerente

È probabile che gli oggetti di casa abbiano un determinato posto. Ad esempio, la tua caffettiera si trova sul bancone della cucina, la scatola dei giocattoli di tuo figlio si trova nell'angolo della loro camera da letto e le tue posate in un cassetto in cucina. Questa è la stessa cosa che devi fare con la tua mente. Devi assicurarti che ogni cosa sia in ordine e abbia un certo posto nella tua testa. Ad esempio, inserirai la lista dei 45 presidenti nel tuo palazzo mentale sotto forma di un soggiorno, mentre ad esempio l'elenco di tutto ciò che dovresti fare prima di trasferirti nella tua nuova casa va nel palazzo del tuo ufficio di lavoro. Finché avrai bisogno di queste liste, è lì che le conserverai nella tua mente. Pertanto, quando si passerà da una lista all'altra per assicurarsi di essere ufficialmente pronti il giorno del trasloco, ti basterà immaginare il tuo ufficio di lavoro e prendere le informazioni da lì. Ogni cosa al suo posto.

Essere consapevoli dell'overdose da informazioni

Viviamo in un mondo in cui la tecnologia sembra essere sempre presente in ogni aspetto della nostra vita. Non importa se utilizziamo un computer portatile, un tablet o uno smartphone: le persone sono in grado di cercare ciò che vogliono ogni volta che vogliono attraverso la loro connessione Internet o il piano di dati mobile. Per questo motivo, le nostre menti possono sovraccaricarsi di informazioni. Questo non solo può farci sentire stanchi e stressati, ma può anche farci dimenticare le cose importanti che dobbiamo ricordare quando affrontiamo questo sovraccarico di informazioni.

Essere in questa situazione comporta che il tuo cervello si riempie di molte informazioni inutili. A parte questo, la tua mente comincerà ad assorbire tutto come una spugna. In un certo senso, ti sembreranno tutte informazione prive di significato per la tua banca dati perché non è più in grado di distinguere tra ciò che è importante ricordare e ciò che non lo è.

I Ganci di Memoria

Un altro metodo di base per aiutarti a migliorare la tua memoria fotografica è attraverso i *Ganci di Memoria*. Si tratta di una tecnica che è quasi esattamente come sembra: aggancerai qualcosa alla memoria, in modo da non poterla dimenticare facilmente. Questo segue anche il concetto che è più probabile che tu ricordi informazioni che ti "agganciano".

È solito usare ganci di memoria a livello emotivo. Quando le persone fanno questo, ancorano la loro memoria ad un'emozione. Questo metodo funziona perché i nostri sentimenti possono spesso servire da stimolo per certi ricordi. Ad esempio, se ti ricordi di essere stato investito sulla strada da un furgone quando eri più giovane, potresti essere cauto quando cammini in giro e noti un veicolo simile. Dopo tutto, la tua memoria innesca una risposta emotiva, che in questo caso è la paura.

Più forte è l'emozione che leghi alla tua memoria, più è probabile che ricorderai ciò che è accaduto. Se hai cenato con tuo fratello la scorsa settimana, per esempio, probabilmente ricorderesti di aver pranzato con lui e dove sei andato a mangiare, ma potresti non ricordare nulla di più al riguardo. Potresti aver dimenticato quello di cui hai parlato; se provi a ricordare, noterai che dovresti pensarci troppo intensamente per ricordare i dettagli e alla fine otterrai solo dei frammenti di informazioni.

Naturalmente, non è necessario passare attraverso un evento per utilizzare i ganci di memoria con l'emozione per ricordare qualcosa. Non importa che cosa ti viene in mente, considerando che può essere un nome, l'indirizzo della nuova casa o la definizione di una parola. Tutto quello che devi fare è associare un'emozione all'informazione e abbinarla ad una immagine che dovrebbe spiegare il sentimento associato. Ad esempio, se vuoi ricordare il tuo nuovo indirizzo di casa, puoi disegnare i numeri reali come punti esclamativi perché sei entusiasta per la tua nuova casa. Puoi anche rendere l'aspetto un po' più pazzo facendo saltare i numeri come se fossero eccitati per la tua nuova residenza.

Tre punti importanti

Per far funzionare bene i ganci di memoria, è necessario ricordare tre importanti informazioni.

1. Il gancio della memoria deve essere corto e scattante. È solitamente più difficile ricordare qualcosa che è un po' lungo e non interessante. Ricorda, devi agganciare le informazioni alla tua mente in modo che sappia tenerle nella tua memoria.

2. Il gancio di memoria dovrebbe essere facile da ricordare. Non ti aiuterà se cerchi di associare il gancio di memoria con un'emozione che spesso non provi o non si adatta bene alle informazioni. Ad esempio, se vuoi ricordare la data e l'ora del tuo intervento chirurgico, potresti non voler associare l'eccitazione all'evento. Tuttavia, questo dipende anche dal tipo di intervento chirurgico che si sta ricevendo.

3. Includi solo le informazioni effettivamente necessarie nel tuo gancio di memoria. Ad esempio, se stai cercando di ricordare il tuo nuovo indirizzo ma vivi ancora nella stessa città, non dovrai concentrarti sul ricordare la città. Invece, ricorda a te stesso solo il numero civico e il nome della via.

Suggerimenti per rendere interessanti i Ganci di Memoria

Il modo in cui renderai interessanti i ganci di memoria dipendono dalla tua personalità. Ecco alcuni suggerimenti per darti un'idea di come creare un gancio per la tua memoria.

1. Usa i giochi di parole per far sapere alle persone qual è la tua attività. Ad esempio, se sei un dentista puoi usare un motto che suona come "Sii onesto con i tuoi denti, prima che diventino disonesti con te."

2. L'uso dell'umorismo è un altro ottimo modo per

creare un gancio interessante.

3. Crea una parodia per rendere il gancio interessante. Puoi produrne uno prendendo una canzone e cambiando alcuni delle sue frasi in modo che si leghino a ciò che vuoi ricordare.

4. Non aver paura di mescolare e abbinare o trovare il tuo modo di rendere il tuo gancio di memoria estremamente interessante per te.

Il Metodo dei Blocchi - Chunking

È possibile utilizzare il *Metodo dei Blocchi* (chiamato *Chunking*) per quasi tutte le lunghe liste di informazioni. Quando usi questa tecnica, in pratica unisci o metti insieme pezzi di informazioni. Ad esempio, se hai 10 numeri da ricordare, puoi accoppiarli in ordine, il che significa che devi solo pensare a cinque numeri, che è in linea a ciò che la tua memoria può contenere quando si tratta di queste informazioni. Ad esempio, se si dispone di un elenco composto da 8, 5, 3, 2, 1, 7, 6, 9, 4 e 7, è possibile accoppiare i numeri come 85, 32, 17, 69 e 47. Prendi un momento per guardare attentamente questo esempio e provare a memorizzare i numeri individuali e combinati separatamente. Scoprirai rapidamente che quando i numeri sono accoppiati, sono molto più facili da memorizzare rispetto alle singole cifre. Ciò significa anche che sono più facili da codificare e memorizzare nel cervello, almeno per un periodo di tempo.

La Tecnica del Collegamento - Linking Method

Quando devi ricordare un elenco di nomi, utilizzerai spesso la *Tecnica del Collegamento*, nota come *Linking Method*. Di solito si verifica quando è necessario collegare i dettagli adiacenti della lista. Potresti ricordare di aver fatto dei test quando frequentavi la scuola elementare dove erano presenti due colonne. La prima colonna conteneva un elenco di parole, mentre la seconda aveva le definizioni delle parole della prima colonna. Dovevi quindi collegare la parola giusta di una colonna alla sua definizione corrispondente nell'altra colonna con una linea. Questo metodo è simile a quello che devi fare quando usi la tecnica del collegamento.

Tre parti sono comprese nella tecnica del collegamento, che include *la creazione e il richiamo* di una lista e poi *la pratica* di come farlo ripetutamente. Anche quando ti senti a tuo agio con questo metodo, prova a prenderti del tempo per esercitarti a ricordare una delle tue liste almeno una volta alla settimana. Altrimenti, l'elenco e la tecnica del collegamento inizieranno a decadere e lasceranno la tua mente.

Il fatto è che quando si crea una qualsiasi lista, bisogna essere sicuri che ogni immagine o parola si colleghi a quella successiva. Ad esempio, se desideri scrivere la tua lista della spesa, inizia con l'immagine del prendere il carrello. Potresti quindi immaginare l'oggetto che poggia sul sedile del tuo carrello, come un ananas a forma di bambino, supponendo che questo sia il primo elemento della tua lista. Nel caso in cui il secondo oggetto sia un cesto di mele, puoi immaginare l'ananas con un cesto di mele in testa. Continuerai a collegare la tua lista in questo modo fino a quando non avrai raggiunto l'ultimo elemento. È importante ricordare tutto nello stesso ordine per evitare di dimenticare qualcosa.

Il trucco dopo è ricordare in modo automatico l'articolo successivo della lista dopo che si è raccolto il primo. Con questa metodologia, non durerai molta fatica a ricordare la lista intera.

È necessario prendere atto del fatto che, quando pratichi il metodo del collegamento, non è necessario che tu senta il bisogno di esercitarti costantemente nel ricordare la stessa lista. Quello che devi fare è creare una nuova lista utilizzando questa tecnica. Ad esempio, se vai a fare la spesa una volta alla settimana, puoi trasformare questo esercizio di memoria in uno che è specifico per questa attività. Ciò garantisce che utilizzerai questa tecnica almeno una volta alla settimana. Tuttavia, puoi anche usarlo per tutta la settimana per altri elenchi.

Il Principio SEE

Il principio SEE è una tecnica di memoria che le persone usano spesso per costruire la memoria fotografica all'inizio. SEE è un acronimo, che rappresenta i tre pezzi di questo principio: **S**ensi, **E**sagerazione e **E**ccitazione.

S è per Sensi

Questo principio afferma che più usi i tuoi sensi per codificare le informazioni, più sarai in grado di trasferire i dati dalla memoria a breve termine alla memoria a lungo termine.

E è per Esagerazione

Il secondo principio afferma che devi essere il più

creativo, divertente e interessante possibile quando crei immagini, parole chiave, tabelle, grafici o qualsiasi cosa che usi per richiamare più rapidamente qualsiasi informazione. Pensa a questa scena: stai guidando lungo l'autostrada e noti una fila di camion dall'altra parte. Ti rendi conto che uno è tutto bianco, quello accanto è bianco con una linea viola, il terzo è rosa e il quarto tutto bianco. Ricorderai i veicoli di colore rosa e quello bianco con la riga viola di più rispetto a quelli bianchi perché sono visivamente più interessanti degli altri. Avresti ricordato ancora di più un veicolo con dei disegni strani, divertenti e inusuali.

E è per Eccitazione

L'ultima parte del principio SEE dice che devi assicurarti che le informazioni che stai cercando di ricordare, insieme al come vuoi farlo, siano eccitanti ed energizzanti. Ad esempio, preferiresti vedere una presentazione della vita di Prince o un film sulla sua vita? Molto probabilmente sceglieresti il film piuttosto che la presentazione perché i film apportano energia. C'è movimento in quest'ultimo, e puoi rimanere agganciato all'energia che vedi dare agli attori durante il film. I film si ricordano meglio perché c'è più coinvolgimento, più emozioni e sono più eccitanti rispetto ad altre immagini. Crea immagini eccitanti che difficilmente scorderai.

Suggerimenti per la memorizzazione

Tutti abbiamo cose che dobbiamo ricordare di tanto in tanto. Mentre alcune persone trovano facile la memorizzazione, la maggior parte tende a lottare con questo processo. Se ti senti troppo sfidato quando si tratta di memorizzare cose, ma pensi anche che non sia estremamente difficile, sappi che puoi usare altri suggerimenti extra. Ecco alcuni dei modi migliori per memorizzare le informazioni.

Preparati per il tuo tempo di studio

Tutti abbiamo diverse tecniche di studio. È importante che tu prenda il tempo per sapere di cosa hai bisogno fare per poter studiare meglio. Ciò ti consentirà di migliorare drasticamente le tue capacità di memorizzazione. Ad esempio, potresti scoprire che devi stare in silenzio per ricordare di più le tue lezioni. In questo caso, devi cercare un ambiente che non ti dia molte distrazioni. Oppure potresti capire che hai bisogno di avere della musica in sottofondo in quanto le melodie solitamente aiutano a concentrarsi meglio, quindi dovrai assicurarti di avere la migliore musica per aumentare le tue abilità di memorizzazione.

Alcuni credono che sia importante prepararsi attraverso una serie di passaggi. Ad esempio, potresti dover rilassare la mente da tutto ciò che hai imparato quel giorno. Pertanto, dovrai prenderti del tempo per guardare un bel film, prendere una tazza di tè, leggere o semplicemente rilassarti. Potresti persino scoprire di performare meglio dopo la meditazione. Se hai bisogno di giocare con i tuoi preparativi prima di iniziare a memorizzare, allora fallo e attieniti al tuo rituale. Tuttavia, c'è sempre tempo per cambiare alcuni passaggi mentre continui a conoscere meglio i tuoi preparativi.

Registrati e scrivi le informazioni

Poiché la scrittura delle informazioni è stata discussa altrove, non mi dilungherò su questo. Tuttavia, è importante includerlo anche in questa sezione. Se pensi che sia meglio registrare le lezioni dei tuoi professori, assicurati di farlo. Tuttavia, dovrai anche prenderti il tempo per ascoltare la registrazione e scrivere tutte le informazioni importanti per poter memorizzare ciò che devi sapere. Dopotutto, non solo le riascolti, ma attivi anche le tue cellule cerebrali mentre inizi a scrivere le informazioni. Come abbiamo visto prima, le cellule cerebrali attive ti aiutano sempre a ricordare più informazioni. Ricorda di preferire le mappe mentali agli appunti tradizionali. Le mappe mentali sono lo strumento più potente che tu possa utilizzare.

Riscrivi di nuovo le informazioni

Le persone non si rendono conto di quanto sia importante scrivere le informazioni. Infatti, sono in molti che affermano che uno dei modi migliori per memorizzare veramente le informazioni è di scriverle quando le senti per la prima volta e poi riscriverle quando tenti di ricordarle. In altre parole, dovrai riscrivere le informazioni prendendole dalla tua memoria. Praticamente non devi né ascoltare la registrazione né guardare ciò che hai scritto in precedenza. Prendi invece un foglio di carta bianco e vai semplicemente a richiamare le informazioni dalla tua memoria. Allora, potrai confrontarlo con la tua scrittura originale.

Se ritieni di dover continuare a memorizzare le informazioni, sentiti libero di farlo. Invece, se ti sembra che tu stia andando bene con la sola memorizzazione, puoi fare un passo indietro per metterti alla prova un po' di più. Ad esempio, non è possibile toccare tali informazioni per un paio di giorni. Al termine di questi giorni, tuttavia, puoi provare a scrivere nuovamente le stesse informazioni pescandole dalla memoria e quindi confrontare i due scritti. Se noti che stai ancora andando forte, continua a metterti alla prova allungando l'intervallo di tempo. Se vedi che hai già iniziato a dimenticare le cose, allora dovresti aumentare il tempo che dedichi alla memorizzazione delle informazioni.

Insegna le informazioni a te stesso

Certo, puoi insegnare a qualcun altro cosa stai cercando di imparare, ma questo non è sempre possibile. In questo caso, è importante prendere l'abitudine di insegnare le informazioni a te stesso. Mentre lo fai, scoprirai di essere più coinvolto quando memorizzi i dettagli perché hai la mentalità necessaria per spiegarlo o insegnarlo. Ragion per cui devi assicurarti di aver compreso le informazioni prima ancora di provare questa tecnica.

Questo è noto perché ti rende più concentrato e ti dà qualcosa a cui guardare avanti, una sorta di obiettivo quando si tratta di dover memorizzare le informazioni. Se sei come la maggior parte del mondo, avrai bisogno di motivazione per continuare a memorizzare perché pochissime persone amano fare questa attività. Questo metodo, tuttavia, può motivarti a fare ciò che deve essere fatto.

Non smettere di ascoltare le registrazioni

L'ultimo consiglio è di non smettere di ascoltare ciò che hai registrato. Molte persone ritengono che una volta che hanno ascoltato una registrazione una volta e hanno scritto le informazioni importanti, possano già metterle da parte. Peggio ancora, possono decidere di cancellarle o registrarci una nuova lezione sopra. Entrambe le idee non sono consigliabili, considerando che prendersi del tempo per continuare ad ascoltare le lezioni ti aiuterà a migliorare la memorizzazione. Repetita iuvant. Le cose ripetute aiutano.

9. Tecniche Avanzate

Prima di iniziare a trattare le tecniche più avanzate per il miglioramento della memoria, potresti sentire che i metodi discussi qui o nel capitolo precedente sono o di base o troppo avanzati per te. È sempre più facile iniziare con alcuni dei metodi più semplici - quelli che ritieni più facili - e poi andare a salire. Questo è un qualcosa che nessuno può dirti direttamente perché dipende dalla tua personalità e da qual è il livello attuale della tua memoria.

Un altro fattore da tenere sempre presente è che ogni tecnica ti sembrerà difficile all'inizio. Tuttavia, una volta che riuscirai a provarla con successo un paio di volte, sarai presto in grado di abituarti e ti sembrerà facile.

Il Metodo dell'Auto

Il *Metodo dell'Auto* è simile all'utilizzo di una stanza della tua casa come per il palazzo della memoria. Uno dei maggiori motivi per cui è considerata una delle tecniche più avanzate è che alcune persone non conoscono le parti di un'auto. Inoltre, possono confondersi poiché non vedono la macchina allo stesso modo di una stanza della loro casa. Queste persone possono pensare che passare dal bagagliaio alla parte anteriore del veicolo sia un po' più confuso rispetto a passare tra le stanze di casa. Come affermato in precedenza, tuttavia, il livello di confusione dipende dalla tua personalità e dai tuoi interessi.

Allo stesso tempo, il metodo dell'auto è molto utile perché mentre sei in auto e devi ricordare una lista per il lavoro, puoi osservare direttamente l'auto senza limitarti alla sola visualizzazione nella mente. Simile all'utilizzo di una stanza della tua casa, vorrai assicurarti di conoscere bene la tua auto, così come tutto ciò che contiene, prima di iniziare a utilizzare questa tecnica. Ad esempio, è necessario acquisire familiarità con i vani portaoggetti perché questi sono spesso i luoghi che le persone utilizzano per questo metodo. Le auto, in particolare i modelli più recenti, possono avere una dozzina di unità per riporre oggetti. Non solo sono sul lato delle porte, tra i sedili e sul retro dei sedili, ma possono anche essere nascosti nel bagagliaio.

Naturalmente, se non si dispone di un'auto, è possibile utilizzare qualsiasi tipo di veicolo che si conosce bene, ad esempio un aereo, un autobus o un furgone.

Facciamo un esempio, hai una lista degli animali di una riserva naturale, che cura gli animali feriti e abbandonati prima di reinserirli nel loro habitat naturale. Puoi utilizzare queste informazioni per assicurarti che tu e la tua famiglia siate in grado di vederli tutti senza dover controllare la mappa in ogni momento. Inoltre, conoscere l'elenco a memoria ti consente di creare un gioco con i tuoi figli in cui chiedi loro di trovare o nominare gli animali quando sei lì. Quindi, puoi usare il metodo dell'auto per memorizzare i seguenti animali: pinguino, lama, tigre, orso, aquila, bufalo, lupo, anatra e lontra.

Sai che il pinguino è il primo animale che vedranno i tuoi figli. Pertanto, puoi immaginare il pinguino nella parte anteriore della tua auto, considerando che desideri ricordare questo elenco dalla parte anteriore a quella posteriore. Puoi immaginare un pinguino che scivola sul cofano della tua auto. Da lì, vuoi collegare questa immagine a un lama, che potrebbe guidare la macchina. Forse la tigre è seduta sul sedile del passeggero, mentre l'orso sta cercando di inserirsi nella tasca sul retro del sedile del conducente. Sentiti libero di continuare a utilizzare questo elenco con lo stesso metodo per memorizzare il resto degli animali della riserva nell'ordine in cui li vedrai.

Le Mollette Mnemoniche - Peg System

Le *Mollette Mnemoniche*, o *Peg System* è un'altra tecnica comune che molti la ritengono avanzata. Quando pensi alle mollette mnemoniche, potresti pensare alle mollette per il bucato. In verità, c'è una similitudine. Questa tecnica utilizza immagini visive per fornire un "gancio" o una "molletta" a cui appendere i tuoi ricordi.

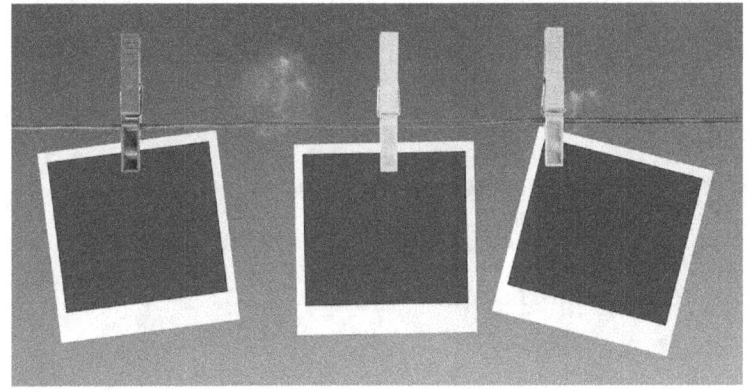

Questo sistema funziona creando associazioni mentali tra due oggetti in un modo uno-a-uno che verranno successivamente applicate alle informazioni da ricordare. Questa tecnica funziona pre-memorizzando un elenco di parole che sono facili da associare ai numeri che rappresentano. In genere questo comporta il collegamento di sostantivi ai numeri ed è pratica comune scegliere un nome che fa rima con il numero a cui è associato.

Una lamentela riguardante il peg system è che sembra essere applicabile solo in situazioni banali. Tuttavia, il peg system può essere utilizzato per ricordare liste della spesa, punti chiave nei discorsi e molte altre liste specifiche nelle proprie aree di interesse.

Con questo metodo ricorderai facilmente la posizione numerica degli oggetti in un elenco in sequenza o fuori sequenza.

Perché usare il Peg System

Il peg system è noto per essere una delle tecniche avanzate per diversi motivi.

1. C'è molta flessibilità tra le liste

Quando sei in grado di creare flessibilità tra le liste, puoi ridurre il rischio di interferenze. Ad esempio, è possibile utilizzare liste ordinate o in ordine alfabetico da associare alle mollette mnemoniche. Naturalmente, molti suggeriscono che, quando inizi a utilizzare questa tecnica, dovresti scegliere una lista con cui ti senti più a tuo agio. Dopo aver utilizzato il peg system un po' di volte e aver capito come funziona, potrai scegliere diversi tipi.

2. Alcune persone non memorizzano bene gli elementi

Se scopri di stare lottando con la memorizzazione, potresti accorgerti che questo metodo potrebbe non essere estremamente utile per te. Il motivo è che è necessario mantenere un ordine, che la memorizzazione non sempre fornisce. A parte questo, ti permette di usare qualunque lista ti venga in mente.

3. Puoi richiamare direttamente l'articolo

Sebbene il *Metodo del Collegamento* sia ideale per ricordare gli elenchi in sequenza, non fornisce un modo semplice per richiamare, ad esempio, il settimo elemento della lista. Dovresti iniziare dall'inizio della lista e contare mentalmente in avanti attraverso le associazioni fino a raggiungere il settimo elemento.

Per esempio, puoi avere 20 animali in un ordine specificato che segue la mappa della riserva. Se desideri scegliere il settimo animale, dovrai scorrere l'intero elenco a partire dal primo fino a raggiungere l'animale numero 7. Invece, con il peg system, puoi ricordare direttamente l'articolo, ad esempio: Sette = Civette

Ci saranno diverse liste che memorizzerai abbastanza attraverso le immagini e non dovrai sempre mantenere un ordine. Ad esempio, se stai cercando di creare un elenco con i nomi degli animali della riserva, puoi eventualmente scegliere gli animali da soli senza dover passare attraverso l'intero elenco.

4. Puoi usare il Peg System per contenere più informazioni

Come accennato in precedenza, il peg system offre una gran flessibilità. In verità, puoi mescolarlo con altre tecniche che hai imparato. Per esempio, utilizzare il metodo di base preferito o un'altra tecnica avanzata, insieme al peg system. In questo modo, puoi aprire la porta alla possibilità di codificare, archiviare e recuperare più informazioni rispetto a ciò che potresti fare attraverso una sola lista alla volta.

Una delle liste comuni del peg system è il sistema alfabetico. Se lo usi e lo mescoli con la tecnica del collegamento, puoi ricordare oltre 200 voci in un unico elenco. Anche se al momento potrebbe non sembrarti possibile, tieni presente che non inserirai tutti gli elementi della tua lista contemporaneamente. Come molte cose della vita, è un qualcosa che puoi costruire nel tempo.

Peg System con la Rima

Se ti piace la rima, ti piacerà rimare il peg system. L'idea è che è necessario creare un elenco di parole e quindi trovare altre parole che sono in rima tra loro. Ad esempio, se hai i mirtilli nell'elenco, puoi rimarli con birilli. Rime di fenicotteri con datteri, rime di cane con banane, rime di cammello con cappello, eccetera.

Ma solitamente si crea una lista di numeri, e ci abbiniamo delle parole in rima, ad esempio:

0 = nero

1 = raduno

2 = bue

3 = scimpanzé

4 = pilastro

5 = lingue

6 = alisei

7 = civette

8 = biscotto

9 = bove

10 = ceci

La parte divertente del metodo del peg system in rima è che sarai in grado di migliorare la tua creatività con esso. Puoi dare una battuta alla rima e creare una canzone sciocca o creare una storia in cui inizi una frase con una parola specifica e poi la termini con una parola in rima. Più diventerai creativo e divertente con queste informazioni, più facile sarà per te ricordare le informazioni quando ne avrai bisogno.

Il Peg System Alfabetico

All'interno del peg system alfabetico ci sono due tipi di liste che è possibile creare: "suono alfabetico similare" e "alfabeto concreto". Certo, puoi essere creativo e stabilire il tuo mentre ti senti a tuo agio con il processo, ma adesso vediamo questi due tipi.

1. Suono alfabetico similare

L'elenco con il suono alfabetico similare non è diverso dal peg system in rima, ma dovrai trovare una lettera che suona come la parola. Ad esempio, B suona come un'ape. Pertanto, puoi immaginare un'ape che ha la forma della lettera b.

2. Alfabeto concreto

Quando crei un elenco in "alfabetico concreto", passerai attraverso l'alfabeto e troverai una parola che inizia con la lettera corrispondente. Non è necessario rendere le parole in rima; non devi preoccuparti del suono o dare alle parole forme o immagini sciocche. L'elenco creato sarà utile quando si tenta di memorizzare determinate informazioni. Ad esempio, è possibile mettere insieme un elenco alfabetico in cui A sta per Arance, B sta per Basso C sta per Corda, D sta per Diario e così via.

Il Peg System di Forma

Questo metodo è simile agli altri metodi, sebbene la sua principale distinzione sia l'uso delle forme. Fondamentalmente, trasformerai le informazioni che vuoi ricordare in una certa forma. La figura può corrispondere alla parola o può essere la prima forma che ti viene in mente quando ci pensi.

La Ripetizione Spaziata

Molte persone, specialmente i principianti, sentono il bisogno di ripetere le informazioni per ricordarsele. Sfortunatamente, questo funzionerà solo per un breve periodo. È necessario tenere presente che, a meno che non si utilizzi un metodo, si è emotivamente collegati alle informazioni. È anche possibile che la tua mente creda che sia importante per te ricordare qualcosa che molto probabilmente dimenticherai entro un paio di mesi circa. Non significa che c'è qualcosa che non va nella tua memoria. È normale che le persone inizino a dimenticare le informazioni che non usano o ricordano nel tempo. Il motivo principale per cui questo accade è che il tuo cervello sta facendo spazio per dati più importanti che dovrai ricordare in futuro.

Pertanto, molti individui, in particolare quelli che spesso praticano tecniche per migliorare la memoria, affermano che spesso si concentrano sul richiamo delle informazioni che vogliono conservare almeno ogni due settimane. Questo è un ottimo metodo che molti concorrenti per i concorsi di memoria tendono ad usare. Dopo la competizione, non allenano il cervello per alcuni mesi. Quindi, un paio di mesi prima della gara, inizieranno di nuovo ad allenare il loro cervello. Una volta iniziato il processo, non solo useranno una varietà di tecniche - come il timing stesso - ma si eserciteranno anche con liste diverse settimanalmente, se non di più. Questo li aiuta in molti modi.

Per primo, consente ai giocatori di giochi di memoria di migliorare la propria velocità, il che è un grande fattore quando si tratta di concorsi. In secondo luogo, la pratica li aiuta a conservare vecchie informazioni e creare nuove informazioni nel loro database di memoria attraverso un metodo diverso. Ad esempio, possono richiamare un elenco della settimana prima e quindi concentrarsi sull'apprendimento di un nuovo elenco quella dopo.

Naturalmente, puoi provare la ripetizione spaziata per sei mesi e non toccare l'elenco fino a quando non è necessario. Il divario dipenderà principalmente dalla tua capacità di richiamare l'elenco; ecco perché la formazione potrebbe anche richiedere più tempo. Molte persone affermano che se si dispone di elenchi che si desidera ricordare per sempre, è necessario seguire il metodo della ripetizione spaziata con ciascuno di essi. Ciò garantisce che sarai in grado di mantenere ogni informazione fresca nella tua mente. Nel mio libro "*Apprendimento Accellerato*" ti svelo il mio personale sistema di studio che uso per memorizzare le informazioni per sempre grazie alla

Ripetizione Spaziata.

Memorizzare un mazzo di carte

Un'altra grande tecnica che molti principianti usano per aumentare la memoria fotografica è quella di memorizzare un mazzo di carte. Se hai appena cominciato ad imparare come costruire la tua memoria, potresti pensare che questo sia un compito impossibile perché ci sono esattamente 52 carte all'interno di un mazzo. Tuttavia, quasi tutte le persone che sono entrate nell'addestramento avanzato della memoria fotografica hanno dovuto esercitarsi con un mazzo di carte. Dopo tutto, le carte sono facili da reperire. In effetti, potresti già avere un mazzo di carte in casa. A parte questo, sono già disegnate, hanno numeri e sono colorate; ecco perché possono rendere il processo di apprendimento un po' più semplice quando stai cercando di migliorare la memoria.

Ci sono alcune cose di base di cui hai bisogno per

memorizzare un mazzo di carte, ovviamente, oltre ad assicurarti di avere un mazzo completo di carte. Devi anche avere un elenco di 52 celebrità - quelle che ti piacciono e alcune che non ti piacciono - e la conoscenza della creazione di un palazzo della memoria.

Innanzitutto, dovresti capire che, quando stai imparando un mazzo di carte, devi usare una tecnica simile a questa. Il motivo è che senza un metodo adeguato, ci vorrà almeno mezz'ora per ricordare metà del mazzo di carte. Inoltre, poiché non hai associato le carte a qualcosa che ti sembra interessante, le informazioni saranno probabilmente dimenticate nel tempo. In effetti, puoi dimenticare tutto ciò che hai memorizzato in un paio di settimane.

Crea il Palazzo della Memoria

La maggior parte delle persone penserà di dover memorizzare le carte in base ai numeri e ai disegni. Anche se è possibile farlo utilizzando un'altra tecnica di memoria, questo metodo specifico non si concentra su queste cose. Piuttosto, devi concentrarti sull'elenco di 52 celebrità che hai scritto.

Al fine di rendere la memorizzazione delle carte il più semplice possibile, puoi classificare il tuo elenco di celebrità con i simboli che sono già sulle carte. Ad esempio, i quadri o denari possono essere utilizzati per le celebrità più ricche che hai nella tua lista. I cuori possono eguagliare le celebrità che ami, i picché sono per quelle che non ti piacciono molto, e i fiori per le celebrità che sembrano fare sempre festa.

Quindi, vorrai accoppiare le tue celebrità con numeri pari o dispari. Dalla mia esperienza, è sempre facile associare che gli uomini sono i numeri dispari, mentre le donne sono i numeri pari, o viceversa.

È quindi possibile utilizzare i membri della famiglia reale per il re e la regina nel mazzo. Ad esempio, la regina Elisabetta sarà la regina e il principe Filippo sarà il re. Per il jolly, puoi usare Jack Nicholson o Heath Ledger, considerando entrambi i ruoli di

Joker nei film di Batman.

Da lì, puoi abbinare le celebrità con i numeri. Ad esempio, potresti pensare che i 10 dovrebbero essere le celebrità più potenti della tua lista. Per i 9, potresti decidere che dovrebbero essere le tue celebrità preferite, gli 8 potrebbero essere musicisti e i 7 potrebbero essere atleti. Tutto dipende da come hai elencato il loro nome. Questo è il modo migliore per memorizzare il tuo mazzo di carte.

Memorizzazione e richiamo

Dopo aver organizzato l'elenco e averlo confrontato con le carte, inizierai a memorizzare le tue carte. In realtà, puoi usare un palazzo della memoria o persino una mappa mentale per farlo.

È importante rendersi conto che non è necessario memorizzare tutte e 52 le carte contemporaneamente. In effetti, puoi creare un piano di memoria che si accumulerà per memorizzare tutte le carte. Puoi iniziare con cinque carte ogni giorno e va bene. Tuttavia, puoi anche ricordare le carte che hai memorizzato in precedenza. Quindi, nel tuo primo giorno, ti concentrerai sulle prime cinque carte. Il secondo giorno, ricorderai le prime cinque carte e poi memorizzerai le successive cinque. Lo farai fino a raggiungere le ultime sette carte.

Il Metodo Militare

Mentre i passaggi associati a questo metodo sono semplici, i dibattiti sul funzionamento o meno della tecnica militare sono più popolari del metodo stesso. Chi non ha mai provato questa tecnica, però non dovrebbe parlare. Alcune unità militari stanno usando questa tecnica da quasi un secolo per sviluppare la loro memoria fotografica.

Devi iniziare trovandoti in una stanza buia con una lampada accanto a te. Devi anche avere un foglio di carta con un ritaglio abbastanza grande da contenere un paragrafo di testo. Quindi, prendi il foglio e ritagliane un foro rettangolare delle dimensioni di un normale paragrafo di un libro, e poi ponilo sopra una pagina di un libro.

Regola la distanza dal libro in modo che il tuo sguardo si concentri istantaneamente sulle parole quando apri gli occhi. Rimani al buio per un po' per abituare gli occhi all'oscurità e poi accendi la luce per una frazione di secondo e spengila di nuovo. Avrai un'impronta visiva negli occhi del testo che si trovava di fronte a te.

Quando questa impronta svanisce, riaccendi la luce per una frazione di secondo e fissa nuovamente il testo. Quindi, in poche parole, starai seduto in una stanza buia, e accenderai e spengerai le luci per memorizzare e vedere nella mente le impronte del testo che stai leggendo.

Continua a farlo fino a quando non riuscirai a leggere il testo parola per parola. Quando vedrai l'impronta nell'oscurità, non stai vedendo il testo al buio, piuttosto il tuo cervello si ricorda di una impronta virtuale delle informazioni e questa è l'idea che sta alla base del ricordo del materiale.

Ti piacerebbe se riuscissi a sviluppare la capacità di guardare rapidamente un pezzo di testo e di essere in grado di vedere l'impronta nella tua mente? Il fatto è che dovrai farlo per almeno 15-20 minuti ogni giorno per 30 giorni. Questo aumenterà la tua capacità di guardare un'immagine o un passaggio di testo e memorizzarlo istantaneamente.

10. Come Ricordare...

Non importa chi sei, avrai sempre difficoltà a ricordare qualcosa, che si tratti del nome di una persona, di un luogo, di quali siano i pasti preferiti dei tuoi figli o di qualsiasi altra cosa. Ecco perché è importante rafforzare la tua memoria fotografica con l'uso delle tecniche di cui abbiamo discusso in precedenza. A questo punto, probabilmente ne hai già provate alcune di esse e potresti già avere un'idea con quali ti senti a tuo agio e quali invece hai bisogno di esercitarti un po' di più.

Se non hai ancora avuto il tempo di costruire il tuo primo palazzo della memoria, dovresti provare a farlo presto. Anche se non è essenziale per questo capitolo, prima inizi a costruire la tua memoria fotografica, più sarai in grado di ricordare le informazioni che discuteremo qui.

Ci sono due parti principali di questo capitolo. Il primo prevede l'apprendimento di come ricordare i nomi. È successo a tutti noi. Conosciamo uno dei membri della famiglia del nostro partner durante una riunione di famiglia. Quindi, qualche mese dopo, riconosci la persona al supermercato, ma non riesci a trovare il suo nome nella tua banca dati della memoria. Certo, questo è un po' imbarazzante per te perché lui ricorda esattamente il tuo nome. Quando ciò accade, spesso si balla intorno all'idea di come far loro sapere che non ti ricordi il loro nome. Ti comporti come se lo ricordassi, ma non pronunci mai il suo nome o chiedi a riguardo. Invece, vai a casa e chiedi al tuo partner come si chiama quella persona. Naturalmente, questo ci aiuta anche a ricordare un po' meglio il loro nome. Non ti preoccupare, questa è una cosa umana. Mentre inizialmente potremmo dimenticare un nome, quando ci imbattiamo nella stessa persona e abbiamo bisogno di scambiare nuovamente convenevoli con loro, è più probabile che ricordiamo il loro nome perché sentiamo di aver fatto un errore e non vogliamo commetterlo di nuovo.

La seconda parte è come ricordare i numeri. Sembra che le persone siano state abituate a ricordare meglio i numeri prima dell'invenzione dei telefoni cellulari. Ora, tendiamo a lottare un po' di più con questa attività perché è molto più facile aggiungere le cifre nell'elenco dei contatti che memorizzarle. Tuttavia, cosa succederà quando lasci il telefono in macchina e non hai un foglio di carta e una penna per scrivere il numero di una persona che hai appena conosciuto in un negozio? Oppure, sei a fare la spesa e ti sei dimenticato quello che ti aveva chiesto di prendere il tuo partner e hai il cellulare in macchina. Certo, puoi tornare al parcheggio, ma cosa farai con il tuo carrello pieno di generi alimentari? Puoi dare a uno sconosciuto il suo numero in modo che possa chiamarlo per tuo conto, ma conosci anche il suo numero di cellulare? Se sei come molte altre persone là fuori che non sono sicure al 100% nemmeno di quale sia il loro numero di cellulare, è ovvio che sei praticamente spacciato.

Ricordare i nomi

Oh, le meraviglie dei cartellini con i nomi! Hai mai dovuto far parte di un grande gruppo di persone e hai scoperto che i cartellini portanome sono stati di grande aiuto quando si tratta di ricordare i nomi di ogni persona? Ti ricordi di aver iniziato il tuo primo giorno di scuola e non solo essere andato in giro per la stanza per presentarti, ma anche di aver avuto il tuo nome sulla scrivania e magari ricevere il cartellino con il nome da attaccare sul grembiule? Oppure è probabile che tu abbia imparato a conoscere i nuovi compagni di scuola di tuo figlio guardando i loro cartellini portanome. Tuttavia, ciò non significa che ricorderai i loro nomi quando li incontrerai di nuovo alla recita scolastica dei tuoi figli un paio di mesi dopo. Potresti essere in grado di ricordare dove li hai incontrati e dove ci hai parlato, magari ricordi che indossavano un abito blu con scarpe blu abbinate, ma il nome potrebbe esserti già sfuggito dalla memoria.

Potresti anche ricordare qualcosa sul carattere di una persona. Ad esempio, mentre erano seduti dall'altra parte della stanza, eri in grado di ascoltare quasi tutto ciò che dicevano a causa della loro voce forte.

Tutti questi esempi sono modi per collegare qualcuno al suo nome. Il primo è noto come *Connessione del Luogo di Incontro*, mentre il secondo e il terzo sono chiamati rispettivamente, *Connessioni di Aspetto* e *di Carattere*.

Connessione del Luogo di Incontro

Quando si tratta di incontrare persone in un luogo specifico, è possibile utilizzare questo luogo per aiutarti a ricordare i loro nomi. Questa è una tecnica che utilizzerai, a volte attraverso il tuo subconscio, per creare un'associazione automatica. Tuttavia, non vi è alcuna indicazione che il subconscio diventerà cosciente quando ne avrete bisogno. Tutto ciò avverrà automaticamente nella tua mente. Però, puoi anche associare un altro posto a determinate persone da solo.

Quando stai osservando una connessione del luogo

di incontro attraverso la tua mente cosciente, stai cercando di trovare un modo per associare il nome e il volto della persona alla posizione in cui ti trovi. Ad esempio, sei al parco e tua figlia inizia a giocare con un'altra ragazza della sua età. Vai dalla madre dell'altra bambina e ti presenti. Scopri poi che il nome della madre è Clarissa mentre sua figlia è Alessandra. Mentre parli con la mamma, stai cercando di trovare un modo per ricordare i loro nomi, così come dove ti sei incontrato. Pensi a come il nome Clarissa sembra una bella parola e poi lo colleghi al parco perché credi che sia un posto bellissimo.

Un paio di mesi dopo, stai andando a fare una passeggiata con tua figlia che inizia a salutare un paio di persone che camminano verso di te. Riconosci i loro volti, ma non ricordi i nomi. Quindi inizi a pensare a dove le hai già viste, cominci a ricordare che le hai incontrate in quel bel parco. Questo accade quando ti viene in mente la parola "bello" e ricordi che il nome della madre è Clarissa. Da lì, puoi ricordare che il nome della figlia è

Alessandra. Quando incontri le due sul marciapiede, ricordi già i loro nomi.

Questa situazione può anche accadere inconsciamente. Ad esempio, attraverso la tua mente inconscia, potresti essere semplicemente in grado di posizionare i volti all'interno del parco e quindi ricordare i nomi. Ciò significa che nessun pensiero da parte tua è andato nell'associare i nomi al parco; invece, è successo tutto nella tua mente mentre parlavi con la madre di Alessandra, Clarissa.

Connessione di Aspetto

Proprio come con la connessione del luogo di incontro, è possibile associare nomi e apparenze in modo inconscio o cosciente. Quando utilizzi la connessione di aspetto, collegherai una parte dell'aspetto fisico della persona che ritieni interessante al loro nome.

Quando le persone usano la connessione di aspetto, stanno attenti a osservare tutte le caratteristiche fisiche della persona. Anche se puoi usare qualcosa di simile a quello che indossa la persona, soprattutto se si distingue davvero, è più comune usare tratti fisici, come il colore dei capelli, gli occhi, il sorriso, eccetera.

Supponiamo che tu stia andando al museo della tua città perché devi parlare con uno dei dipendenti per la donazione di vecchi documenti che i tuoi bisnonni avevano. Quando entri nel museo, incontri una ragazza seduta al banco di accettazione. La prima cosa che noti di lei è che ha i capelli viola. Quando cominci a spiegarle il motivo della tua visita, scopri che si chiama Valentina e che è lei la persona a cui devi portare i documenti. Le dici che li porterai al museo tra qualche mese quando torni da un tuo viaggio. Lei ti dice che, quando li porti dentro, devi dire a chiunque sia seduto al banco d'ingresso che devi vederla e che non dovrai pagare la quota di ingresso se non vuoi visitare il luogo. Quindi la ringrazi e te ne vai.

Al ritorno al museo dopo alcuni mesi, ti rendi conto di non ricordare il nome dell'impiegata. Tuttavia, sai che qualcuno sarà in grado di dirti con chi parlare. Quando cammini nel museo e vedi un uomo seduto al banco di accettazione, quindi, ricordi che una donna con i capelli viola era solita sedersi lì e che il suo nome era Valentina.

La connessione aspetto può anche funzionare se incontri qualcuno in un posto diverso. Ad esempio, sei tornato dal tuo viaggio ma non sei ancora arrivato al museo storico. Tuttavia, mentre fai la spesa, noti qualcuno il cui volto sembra familiare. Ti sorride e poi noti i suoi capelli viola. Ti ricordi allora che si tratta di Valentina del museo.

Connessione di Carattere

La connessione di carattere funziona come la connessione di aspetto; tuttavia, invece di ricordare il nome di qualcuno a causa delle sue caratteristiche fisiche, puoi ricordare qualcosa di speciale sul suo carattere. Come con le altre forme di connessione, può accadere inconsciamente o consciamente.

Diciamo che incontri qualcuno di nome Roger Nelson mentre sei nel negozio di alimentari. Hai iniziato a parlargli mentre aspettavi in fila il cassiere, che stava cercando di riparare il registratore di cassa. Né tu né Roger andavate di fretta, e non vi dispiaceva affatto aspettare, quindi lasciate che le altre persone in fila con voi, proseguano verso gli altri registratori di cassa che erano aperti e funzionanti.

Quando hai iniziato a parlare con Roger, hai appreso che stava insegnando psicologia all'università locale. Hai anche scoperto che ha tre figli che frequentano la stessa scuola dei tuoi figli. In effetti, suo figlio è solo di un grado superiore a tua figlia. Mentre continui a parlare con lui, scopri che Roger sta per fare un viaggio in Spagna. Sei stato in Spagna, quindi inizi a dirgli quali posti dovrebbe vedere. Quando il registro riprende a funzionare e inizia a pagare, apprendi che si è appena trasferito da Londra, motivo per cui ha questo accento particolare.

Qualche mese dopo, sei alla recita scolastica di tua figlia quando vedi un uomo dal volto familiare. Lui sorride e inizia a parlarti. Così riconosci il suo accento particolare. Ti ricordi poi che dovrebbe andare in Spagna, il che ti fa capire che questo ragazzo si chiama Roger. Allora ti tornano in mente tutte le informazioni che hai imparato in precedenza su di lui, gli chiedi del suo viaggio, come si sta godendo la tua città e se gli manca Londra.

In questo esempio, vedrai che non devi semplicemente associare un nome a una caratteristica. La verità è che puoi farlo anche con parti di un'intera conversazione. Solo, il modo in cui associ il nome attraverso una connessione di carattere dipenderà da ciò che potresti trovare interessante o meno sulla persona.

Ricordare i numeri

Quando si tratta di numeri, la persona media può ricordare da cinque a nove numeri. Anche se la maggior parte delle persone non tende a concentrarsi sul miglioramento della memoria con i numeri, sappi che sono altrettanto importanti quanto i nomi. Questo perché le cifre sono ovunque nella nostra vita. Non ci sono solo numeri di telefono, ma anche numeri di casa, di conto e di fatture. Infatti, se vogliamo pagare qualcosa su internet, dovrai fornire i dati sulla tua carta di debito o di credito. Con quale frequenza ti è stato chiesto il numero della tua carta di credito ma non la scrivi immediatamente perché non ce l'hai con te? Invece, ti tocca andare in camera tua a prendere la carta dal tuo portafoglio.

Oppure sei al telefono con una operatrice per l'attivazione di un servizio e devi fornire dei dati personali, e anche in questo caso, non ricordandoli, devi andare a prenderli in camera tua. Se ti sei trovato nella stessa situazione, sai quanto sia fastidioso non solo per te ma anche per la persona all'altro capo della linea. Ognuno ha le proprie vite indaffarate, quindi più velocemente sarai in grado di fornire i tuoi dati personali, più velocemente potrai concentrarti su qualcos'altro.

Come affermato in precedenza, non devi concentrarti sulla ripetizione continua di numeri per un periodo di tempo affinché probabilmente finiranno nella tua memoria a breve termine. Mentre questo andrà bene se decidi di scrivere subito il numero, questo ti trae in inganno, perché spesso può farti sentire come se avessi ripetuto il numero così abbastanza da ricordarlo. Nonostante ciò, quando arriva il momento e devi recuperarlo, non riesci a ricordare parti o tutto il numero. Pertanto, devi provare altre tecniche che ti permetteranno di trasferire le cifre dalla tua memoria a breve termine alla tua memoria a lungo termine. È qualcosa che devi praticare spesso in modo che le informazioni nella tua mente non inizino a decadere entro pochi mesi.

Da subito, ti dirò che puoi usare il peg system in rima per ricordare i numeri. Poiché abbiamo già trattato questa tecnica, non la spiegherò di nuovo. Tuttavia, mi è sembrato importante menzionarla di nuovo qui perché le persone usano comunemente questo metodo quando vogliono ricordare le cifre.

Ecco alcune delle altre pratiche che potresti provare.

La Tecnica del Viaggio

Una delle tecniche per ricordare una lunga serie di numeri, come un numero di carta di credito o un numero di conto, è la *Tecnica del Viaggio*. Questo è simile alla creazione di un palazzo della memoria. Tuttavia, invece di utilizzare una stanza, si è più propensi a portarsi in viaggio. Ad esempio, se guidi mezz'ora per lavorare cinque giorni alla settimana, puoi dire che questo è il tuo viaggio. Inizierai osservando attentamente il percorso al mattino, quindi diventerai consapevole di tutti i punti di riferimento sulla tua strada. Da lì, sarai in grado di associare un numero a ciascun punto di riferimento. Questa tecnica combina il flusso narrativo del metodo del collegamento e la struttura e l'ordine del peg system in un unico sistema molto potente.

Questa tecnica è utile quando segui spesso il percorso perché puoi ricordare bene le associazioni. Inoltre, inizierai a diventare più consapevole di ciò che ti circonda mentre guidi per il lavoro.

Metodo della Forma Numerica

Esistono un paio di modi per utilizzare il *Metodo della Forma Numerica*. Mentre il fattore principale è che devi associare un numero a una lettera, puoi decidere quale forma assumeranno i numeri. Ad esempio, poiché il numero 5 sembra una S, molte persone tendono a collegare i due tra loro. Tuttavia, quando si tratta del numero 1, puoi scegliere tra la T e la D. Naturalmente, puoi anche decidere di associare anche la L al numero 1. Con così tante possibili corrispondenze, tuttavia, potresti voler scrivere una lista.

Poiché ci sono forme limitate, a molte persone piace associare i numeri alle forme delle lettere. Tuttavia, puoi anche scegliere di creare un elenco di forme e associarle ai numeri. Di solito devi abbinare i primi 9 numeri più lo 0 (zero) con le forme perché puoi semplicemente raddoppiare le forme se hai un doppio numero. Se 0 è un cerchio e 4 è una stella, ad esempio, per dire 40, puoi mettere insieme la stella e il cerchio.

Ad altre persone piace associare i numeri alle lettere perché ci sono 26 lettere e 9 numeri a una cifra. Ciò significa che è possibile collegare più di una lettera a un numero. Questo spesso aiuta le persone a ricordare parole chiave o frasi. Utilizzeranno anche questo sistema per ricordare parti di una storia che hanno ascoltato in passato. Ad esempio, puoi rendere la parola GOL dicendo 6 sembra una G, 0 sembra una O e 1 sembra una L.

11. Continua a Costruire la tua Memoria

La memoria fotografica non è un regalo con cui sei nato. Sei nato con la tua banca dati della memoria, ma è necessario utilizzare tecniche mnemoniche per migliorarla. Inoltre, la memoria fotografica è simile all'utilizzo di un muscolo. Se non continui a usarla, potrebbe diventare immobile prima o poi. Pertanto, è importante assicurarsi di continuare a costruire la memoria attraverso diversi metodi. Questo è spesso il motivo per cui le persone iniziano con le strategie di base per poi passare a quelle più avanzate. Così facendo aumentano lentamente la loro memoria fotografica invece di costringerla a svanire il più rapidamente possibile.

Suggerimenti per aiutarti ad avere successo

Ci sono molti fattori che possono aiutarti a migliorare la tua memoria fotografica. Non solo devi utilizzare i metodi, ma devi anche conoscere alcune informazioni su come avere successo mentre li usi. Ecco a cosa servono questi suggerimenti. Sono qui a tuo vantaggio, così puoi raggiungere il tuo pieno potenziale migliorando la tua memoria fotografica.

Rimani concentrato

Una delle più grandi lotte per le persone che stanno lavorando per migliorare la propria memoria è che non riescono a rimanere concentrati. Possono lasciar vagare la mente mentre provano a lavorare su tecniche o a ricordare informazioni. Peggio ancora, possono iniziare ad annoiarsi con un certo metodo.

A volte, devi capire che se ti stai annoiando con la tecnica, non dovresti concentrarti su di essa. La tua concentrazione potrebbe essere in sofferenza perché non sei interessato a quella tecnica. Questa è la parte più bella di avere così tanti metodi a cui attingere, infatti, possiamo scegliere quelli più interessanti e scegliere quelli che funzionano per noi.

Un altro motivo per cui probabilmente stai lottando per rimanere concentrato è che hai lavorato o praticato la stessa tecnica per troppo tempo. Anche se è bene allenarsi, assicurati di non farlo troppo. In effetti, alcune persone suggeriscono che dovresti prenderti del tempo ogni giorno per concentrarti sul miglioramento della memoria, ma non devi esagerare. Se ti concentri troppo su un singolo metodo, inizierai a sentirti stanco e sopraffatto e a perdere interesse. Ciò può in seguito farti sentire come se non dovresti provare a migliorare la tua memoria. Per evitare questo problema, dovresti prendere tutto con calma e fare una pausa ogni volta che vuoi farla.

Il problema più grande che potresti avere con una pausa, tuttavia, in genere si presenta se sei nel mezzo della creazione di un palazzo della memoria.

Molte persone ti diranno di non staccarti quando lo fai perché molto probabilmente dovrai ricominciare da capo. A seconda di quanto sia forte la tua memoria, potresti essere ancora in grado di fare una pausa nel mezzo e ricominciare una volta che hai più energia per finire il tuo palazzo della memoria. Tuttavia, se hai difficoltà a crearne uno dall'inizio, non hai altra scelta che completarlo senza una pausa.

In realtà, la decisione dipende da ciò che si vuole fare. Un fattore a cui pensare è se sarai in grado di ricordare la creazione del tuo palazzo mentale mentre stai lottando per rimanere concentrato. Se pensi che avrai difficoltà a tenerlo a mente quando torni a ricordare le informazioni, allora smetti di concentrarti su di esse e lascialo andare immediatamente. Nel caso in cui non desideri rinunciare, puoi sempre prenderti il tempo per scrivere le informazioni che hai elaborato. Può aiutarti a ricordare le cose quando torni a finire il tuo palazzo della memoria.

Ritagliati del tempo ogni giorno

L'unico modo per migliorare davvero la tua memoria fotografica è prendersi del tempo ogni giorno per lavorare sulla memoria. Ricorda, devi concentrarti sulla costruzione della tua memoria lentamente poiché questo ti permetterà di ricordare le informazioni che hai precedentemente memorizzato nella tua mente e ti aiuterà a sentirti più a tuo agio quando inizi il processo di costruzione della memoria.

Allo stesso tempo, più cerchi di forzarti ad apprendere ad un ritmo veloce, meno probabilità avrai di riuscire a ricordare qualcosa. Pensa a come hai studiato una volta gli esami a scuola. Se eri pieno di pressione, probabilmente non ricordavi bene le tue lezioni, anche se hai provato a memorizzarne alcune. La stessa cosa è vera quando si tenta di ingozzarsi di molte tecniche di memorizzazione in un breve lasso di tempo invece di impararle lentamente ma costantemente.

Non permettere a te stesso di procrastinare

Una delle chiavi più importanti per assicurarsi di poter migliorare la propria memoria fotografica attraverso queste tecniche è quella di impedire a te stesso di procrastinare. Devi essere efficiente, specialmente se ne stai usando alcune per memorizzare le informazioni che saranno richieste al tuo esame. Dopotutto, quando procrastini, ti ritroverai a dover imparare cose rapidamente e in breve tempo. Ti sentirai quindi come se stessi forzando te stesso a stipare tutto nel tuo cervello, che, come ho scritto prima, non è quello che dovresti fare.

Inoltre, procrastinando, sentirai che tutto il tuo lavoro si sta accumulando tutto insieme. Mentre avevi abbastanza tempo per imparare tutto, a causa della procrastinazione, ora ti senti stressato. Come probabilmente ricorderai, lo stress influirà negativamente sulla tua memoria, soprattutto se è cronico. Ci sono alcune persone che possono funzionare bene durante gli esami quando hanno a che fare solo con lo stress acuto. Sfortunatamente, molte persone vivono vite così impegnate e hanno così tante cose da fare che sono naturalmente stressate. Pertanto, se aggiungeranno qualcos'altro al mix, diventeranno più stressate del solito.

Scopri le tecniche per concentrarti meglio

Mentre abbiamo già parlato della necessità di rimanere concentrati, è giunto il momento di parlare di cose che ti permetteranno di farlo accadere. Tuttavia, trovare delle tecniche per essere sicuri di essere in grado di concentrarsi, può accadere sia che tu abbia difficoltà a concentrarti o meno. Ad esempio, molte persone possono concentrarsi maggiormente se riescono ad avere suoni di sottofondo. In tal caso, desiderai riprodurre della musica mentre stai lavorando poiché ciò ti motiverà a portare a termine un'attività. Allo stesso tempo, altri sentono di non poterlo fare perché i suoni possono interferire con la loro capacità di ricordare le cose. Quindi, in questo caso, la musica potrebbe non essere il miglior strumento di concentrazione per te. È quindi possibile scoprire un'altra tecnica per mantenere la concentrazione, come camminare, annotare le informazioni, meditare o stare in un luogo da solo.

Rimani sempre in controllo

Ci sono momenti in cui abbiamo la sensazione di perdere il controllo. Quando questo accade, possiamo iniziare a sentire di avere il caos in testa. Ma questo non è un bene quando si cerca di imparare le tecniche per migliorare la memoria fotografica. Se la tua mente non è strutturata e organizzata, potresti non essere in grado di ricordare tutte le informazioni che vedi. Ti renderà più frustrato quando cercherai di memorizzare le cose usando tecniche diverse, che possono poi portare ad altri problemi. Pertanto, più ti senti di essere in controllo, più sarai in grado di avere successo nel ricordare le cose.

Sii autodisciplinato

Molte persone dimenticano la differenza tra disciplina e autodisciplina, che è spesso il motivo per cui non ricordano di diventare autodisciplinati quando si tratta del loro stile di vita. Tuttavia, questo è uno dei suggerimenti più importanti che troverai in questo capitolo.

Quando provi ad essere autodisciplinato, stai cercando di comportarti in un certo modo. Ad esempio, se vuoi prenderti del tempo per mettere in pratica le tue tecniche di memorizzazione fotografica ogni giorno, devi obbligarti a farlo. Anche se sei stanco o non sei interessato a praticare le tue capacità di ricordo per 5 o 10 minuti, lo farai comunque perché ti sei già abituato a farlo.

Quando si tratta di autodisciplina, ci sono molti passaggi importanti che puoi seguire per dominarla. Per prima cosa, puoi guardare questa lista come una serie di passi che devi compiere o vederli come suggerimenti che possono guidarti verso il tuo obiettivo di diventare un individuo autodisciplinato.

Qualunque cosa tu decida di fare, è importante che tu sappia che una volta che inizi a diventare autodisciplinato, noterai un cambiamento nel corso della giornata. Dopotutto, l'autodisciplina non si concentrerà solo sulle tue tecniche di memorizzazione, ma anche su altri fattori della tua vita, come l'esercizio fisico, il mangiare bene e l'alzarsi quando imposti la sveglia.

1. Assicurati di avere in mente un obbiettivo o una visione

Devi sapere esattamente a cosa stai lavorando, quindi devi assicurarti di essere consapevole delle tecniche di autodisciplina che possono aiutarti a far avanzare la tua memoria. Potresti farlo per il tuo uso quotidiano, per aiutarti a ridurre le possibilità di una malattia o perché vuoi partecipare a un concorso di memoria. Qualunque sia il tuo obiettivo, devi avere qualcosa su cui lavorare; in caso contrario, i tuoi sforzi potrebbero risultare vani.

2. Cerca di sviluppare l'autodisciplina con un amico o un familiare

È probabile che tu conosca un'altra persona che ha bisogno di migliorare la propria autodisciplina. È più probabile che tu continui a lavorare per qualcosa se hai qualcuno che sta facendo la stessa cosa accanto a te. Hai anche meno probabilità di annoiarti se riesci a trasformare questo in una sorta di competizione con una persona cara. Tuttavia, se non c'è nessuno con cui puoi farlo, puoi avere degli obiettivi quotidiani che devi raggiungere prima di passare a quello successivo.

3. Impegnati al 100% a sviluppare la tua autodisciplina

È tipico che qualcuno se ne esca fuori con un'idea, pensa che sia grandiosa, vuole realizzarla, ma poi realizza che questa idea non è davvero qualcosa a cui tiene veramente. In questo caso, potresti ritrovarti senza impegno per l'attività che hai avviato. A volte, potresti provare a continuare a lavorarci sopra, ma una volta che inizi a sentirti forzato, potresti capire che non vuoi lavorarci affatto. Altre volte, ti ritroverai a fare una pausa e poi a dimenticare ciò che hai già fatto, quindi devi ricominciare da capo. Tuttavia, poiché non sei veramente interessato, non sei sicuro di quello che vuoi fare.

Prima di iniziare a impegnarti per sviluppare la tua autodisciplina o migliorare la tua memoria fotografica, devi garantirti di essere completamente impegnato in questo compito. Ormai hai letto la maggior parte di questo libro e probabilmente hai già deciso dove si trova il tuo impegno, quindi atteniti ad esso.

4. Ricorda che più ti rendi responsabile del raggiungimento dei tuoi obiettivi, più vorrai lavorare per raggiungerli

Molte persone pensano di non essere responsabili delle proprie azioni. Al contrario, se tu ti rendi responsabile, specialmente quando ti concentri sullo sviluppo della tua autodisciplina, hai maggiori probabilità di portare a termine i compiti che ti sei prefissato. Adesso hai tutti gli strumenti necessari per diventare responsabile. Tutto quello che devi fare è usarli. Renderti responsabile delle tue azioni è un ottimo modo per dimostrarlo.

Puoi anche responsabilizzarti istituendo un sistema a premi. Ad esempio, se completi l'attività che ti sei prefissato quel giorno, puoi guardare un bel film. Nel caso in cui non riesci a raggiungere l'obiettivo, è necessario trattenersi dal vederlo ugualmente.

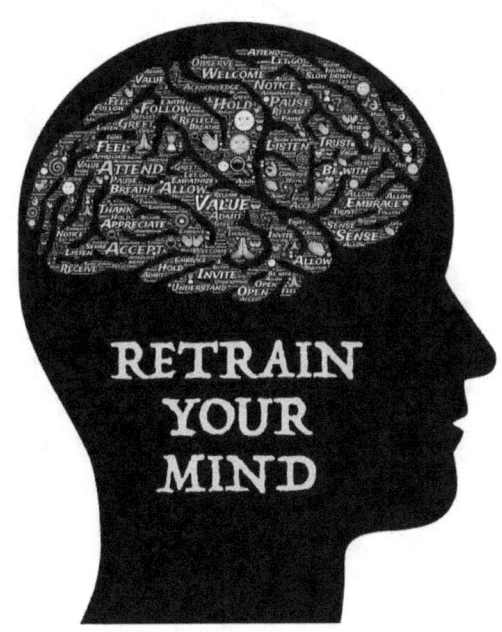

12. La Pratica Rende Perfetti

Puoi pensare a questo capitolo come a un bonus per aiutarti a iniziare un paio di tecniche. Ti guiderò attraverso un paio di tecniche che non abbiamo ancora discusso ufficialmente. La mia speranza è che, attraverso questo capitolo, sarai in grado di iniziare a migliorare la tua memoria fotografica al tuo ritmo.

Esercizio #1: Ricordare i nomi

Leggi la seguente storia e usa le tre tecniche di connessione - luogo di incontro, carattere e aspetto - per ricordare il nome del presentatore.

Donnie era in ritardo quando arrivò all'edificio per la presentazione. Era lì a nome del suo supervisore. Mentre Donnie non aveva mai incontrato il presentatore, il suo supervisore era un buon amico di lui. Poiché Donnie era in ritardo, non si era preoccupato di prendere il pacchetto informativo vicino alla porta, che avrebbe potuto mostrargli il nome del presentatore. Entrò nella stanza e si

sedette in silenzio mentre la presentazione stava già iniziando. Alla fine, Donnie fece il suo turno per incontrare il presentatore. La prima cosa che notò, tuttavia, fu che l'uomo era vestito con un abito marrone e calze blu. Donnie vide anche che il presentatore aveva un anello per le labbra e una grande fede nuziale al dito.

"*Devi essere Donnie*", *ha detto il presentatore con un forte accento newyorkese.* "*Sono Fred Matthews. È un piacere conoscerti.* "*Donnie sorrise e parlò brevemente a Fred prima di andarsene e tornare al lavoro.*

Esercizio #2: Il Palazzo della Memoria

Per questo esercizio, ti concentrerai sulla creazione di un palazzo della memoria. Naturalmente, se ne hai già creato uno e non ti senti a tuo agio con l'idea, non è necessario farlo subito. Tuttavia, dovresti comunque provare a fare questo esercizio se sei pronto a creare il tuo prossimo palazzo della memoria.

A questo punto, ti concentrerai su una stanza della tua casa. Farai anche un elenco delle tecniche che puoi utilizzare per migliorare la tua memoria fotografica. Sarai in grado di associare le parole chiave a un oggetto nel tuo palazzo della mente. Ad esempio, se vuoi diventare più paziente perché sai che avrai difficoltà con il processo lento e costante, la tua parola chiave può essere semplicemente "paziente". Se devi limitare lo stress, puoi usare "stress" come parola chiave.

Prima di iniziare, annota le tue informazioni. Questo ti aiuterà ad assicurarti di utilizzare un certo ordine, forse dal più al meno importante. Dovresti anche scrivere le parole chiave in modo da non dover pensare a tutto questo mentre arrivi all'elemento successivo nel tuo palazzo della memoria.

Tecnica Bonus: L'Approccio Basato sulle Emozioni

Ormai sai che le emozioni sono una parte importante della capacità di ricordare le informazioni. Dopotutto, è più probabile che il nostro cervello memorizzi i dati quando sono ancorati ai sentimenti. Ciò non significa, tuttavia, che devi allegare emozioni a tutte le informazioni che desideri conservare nella tua banca dati della memoria. C'è una tecnica che ti mostra quanto sono importanti le emozioni quando si tratta della tua memoria.

Per allegare un'emozione ad alcuni dettagli, devi davvero provarla. Quando stai pensando a una situazione, per esempio, dovresti sperimentarla. Allo stesso tempo, devi ricordare che il tuo cervello non è multitasking come la gente pensa che sia. È molto meglio per la tua memoria se ti concentri su una sola informazione alla volta. In questo modo, sarai in grado di migliorare la connessione rispetto a quando cerchi di sentire l'emozione.

Ora ti darò una storia piena di emozioni. Mentre la leggi, voglio che ti sintonizzi con i tuoi sentimenti. Immagina come ti sentiresti se fossi la ragazza della storia. Dovresti anche immaginare come appare, quali sono le sue espressioni facciali e quali potrebbero essere i suoi manierismi. Pensalo come un film nella tua mente poiché questa idea ti aiuterà a entrare in contatto con le tue emozioni più facilmente.

Era passato più di un decennio da quando Alessandra varcò la soglia della fattoria del nonno. Lasciò che la sua mente tornasse al tempo in cui aveva 15 anni e metteva via il suo strumento musicale. Mentre Alessandra stava mettendo il suo clarinetto nello scaffale, sentì la segretaria della scuola dire al citofono: "Sig. Cardinale, potrebbe mandare Alessandra in ufficio, per favore?

Alessandra fece un cenno al suo insegnante mentre camminava verso l'ufficio. Per tutto il tempo, si chiese cosa avesse fatto. Alessandra era una brava ragazza e non si era quasi mai messa nei guai. Mentre si voltava verso l'angolo del corridoio, vide sua madre in piedi proprio fuori dall'ufficio del preside. Stava per chiedere cosa fosse successo quando sua madre le disse con le lacrime agli occhi:

"Devi tornare a casa, tuo nonno ha avuto un infarto ed è in ospedale".

Alessandra rimase lì per alcuni secondi, cercando di trovare le parole. L'unica cosa che riuscì a pensare di dire fu "Nonno?"

Sua madre annuì mentre Alessandra continuava a ripetere quella parola nella sua testa. Ritorna lentamente al suo armadietto per afferrare lo zaino con la squadra e il compasso. Alessandra continuava a ripetersi che era stata sua nonna a soffrire per tutti questi anni. Come poteva suo nonno, che sembrava sano, avere un infarto? Inoltre, era ancora giovane. Aveva solo 68 anni.

La settimana seguente, il nonno di Alessandra morì. Ora, 12 anni dopo, Alessandra è tornata a casa. Non c'era più stata da qualche mese dopo la morte del nonno e la sua famiglia venne a ritirare i mobili per un'asta. Fece scorrere le dita su una crepa di un vecchio mobile in legno. Quindi fece un altro paio di passi in casa. La prima cosa che riuscì a ricordare era il modo in cui suo nonno suonava la chitarra nella sua camera da letto al piano superiore, ma si sentiva per tutta la casa. Alessandra sorrise mentre ricordava di correre su nella sua camera da letto al piano superiore e sedersi accanto a lui sul letto mentre iniziava a cantarle una canzone divertente.

Alessandra poi guardò dove si trovava il tavolo da pranzo in cucina. Ricordava come la domenica c'era sempre un grande pranzo. Venivano tutti perché ci sarebbero stati bruschette, pasta, pollo, condimenti, patate arrosto, sedani e salsine piccanti. Respirò a fondo mentre riusciva quasi ad assaggiare il cibo.

Alessandra ha continuato a camminare per la casa. A volte, si fermava a pensare ad alcuni ricordi della sua infanzia. Altre volte, guardava quanto fosse cambiato il posto, specialmente tutte le bottiglie vuote di alcolici di quando la gente festeggiava lì. Ha iniziato a raccoglierle finché non ha notato la camera da letto nell'angolo. Da quando Alessandra era piccola, non le è mai piaciuto l'armadio di quella camera da letto. Mentre voleva entrare solo *per un minuto, non voleva vedere quell'armadio. Alessandra non ha mai capito perché quell'armadio la faceva sentire a disagio. In ogni caso, voleva concentrarsi di più sul raccogliere tutte le bottiglie vuote perché non appartenevano alla casa del nonno.*

Tuttavia, mentre prendeva una bottiglia, Alessandra si rese conto che in realtà non aveva più importanza. Mentre questo posto apparteneva ancora a sua madre, era anche una casa per le feste, che le piacesse o meno. Indipendentemente dal numero di bottiglie di birra che aveva raccolto, avrebbe continuato a trovarne di più al suo ritorno.

Mentre Alessandra tornava alla sua macchina, diede un'ultima occhiata alla casa e al cortile. Vide la vecchia altalena e sorrise. "Ho avuto un'infanzia meravigliosa", disse fra sé e sé prima di partire.

Conclusione

C'è un grande dibattito in campo psicologico sull'esistenza o meno della memoria fotografica. Alcune persone affermano che non è così perché manipoliamo la nostra mente nel ricordare certe cose con strategie diverse. Altri tendono a confondersi con la memoria eidetica, sebbene sia un problema più comune tra i bambini rispetto agli adulti (Foer, 2016). Tuttavia, sono in molti ad affermare che la memoria fotografica esiste e che semplicemente non è stata compresa correttamente. Dopotutto non funziona come osservare una fotografia. Invece, devi usare delle tecniche per ricordare tutto ciò che è già nella tua banca dati della memoria. Tuttavia, ora che hai imparato una varietà di strategie per aumentare la tua memoria fotografica, è tempo che tu decida da solo: la memoria fotografica esiste o no?

Attraverso le tecniche di base e avanzate che hai imparato in questo libro, dovresti essere in grado di migliorare la tua memoria. Potresti non scoprire che questo è vero immediatamente; può anche volerci un po' di tempo per comprendere appieno e utilizzare le idee in modo naturale. Nonostante ciò, attraverso la pazienza e la determinazione, sarai in grado di superare qualsiasi problema e di iniziare a portare la tua memoria al prossimo livello.

Non solo hai imparato cos'è la memoria, ma hai anche visto le tre fasi della memoria e come il processo di memoria potrebbe essere ostacolato. Allo stesso tempo, hai imparato a conoscere i diversi tipi di memoria, con particolare attenzione alla memoria fotografica. Sicuramente, sei stato in grado di farti un'idea sul tipo di benefici che ti darà la memoria fotografica perché, come molti sanno, devi sempre capire il perché dovresti fare qualcosa. Le ragioni descritte in questo libro, come la capacità di migliorare le prestazioni accademiche, aumentare la fiducia, diventare più consapevoli e ricordare meglio le informazioni specifiche sono alcune delle ragioni per cui dovresti costruire la tua memoria fotografica.

Anche i miglioramenti dello stile di vita sono un

altro modo di lavorare per migliorare la tua memoria. Infatti, quando riesci a dormire a sufficienza e fai attività fisica, creare il tuo palazzo della memoria diventa più facile di quanto pensi. Oltre a questo, sai anche come creare le tue mappe mentali e capire come funziona la mnemotecnica. Questo è un ottimo inizio per assicurarti di realizzare sia le tecniche di base e avanzate discusse in questo libro, dal principio SEE fino al metodo basato sulle emozioni.

È importante che tu sappia che il tuo apprendimento non si ferma qui. Infatti, puoi continuare a costruire la tua memoria attraverso i prossimi due libri di questa serie. Il secondo libro intitolato *Allenamento per la Memoria* si concentra sull'allenamento cerebrale e sui giochi di memoria. Poi, puoi procedere con il terzo, che è *Miglioramento della Memoria*. Quest'ultimo si concentra sulle sane abitudini che puoi installare nella tua vita per costruire la tua memoria. Poiché questo è il primo libro della serie, tuttavia, ti consiglio di dedicare del tempo a comprendere almeno alcune delle tecniche menzionate nei capitoli precedenti.

Inoltre, è possibile che ci siano alcuni - come il metodo dell'auto o la tecnica del collegamento - che non ti piaceranno solo perché non si adattano alla tua personalità. Tuttavia, ricorda che non dovresti mai smettere di migliorare la tua memoria. Anche se ti ritrovi a partecipare a una competizione di memoria mondiale, devi continuare ad avere la migliore memoria possibile. Questo non solo ti aiuterà a ricordare una varietà di informazioni durante la tua vita, ma sarai anche in grado di ridurre le possibilità di sviluppare disturbi cognitivi, come la demenza e il morbo di Alzheimer.

Il tuo cervello è una delle parti più importanti del tuo corpo. Pertanto, devi fare tutto il possibile per mantenerlo attivo e sano. In questo modo, puoi realizzare più cose, sentirti più energico e migliorare il tuo benessere mentale e fisico. Per come la vedo io, non c'è nulla di negativo nel prendere almeno 15 minuti fuori dalla tua giornata per assicurarti di fare tutto per consentire al tuo cervello di continuare a dare il meglio di sé.

Avere una memoria fotografica sviluppata è un'abilità davvero unica che ti darà un vantaggio su tutte le persone intorno a te.

UPGRADE YOUR MIND -> zelonimagelli.com

UPGRADE YOUR BUSINESS -> zeloni.eu

EDOARDO ZELONI MAGELLI

ALLENAMENTO PER LA MEM●RIA

Giochi di Memoria e Allenamento Cerebrale per Prevenire la Perdita di Memoria

-

Allenamento Mentale per Migliorare la Memoria, la Concentrazione e le Funzioni Cognitive

EDOARDO
ZELONI MAGELLI

EDOARDO ZELONI MAGELLI

MIGLIORAMENTO DELLA MEMORIA

Il Libro sulla Memoria
per Incrementare la Potenza Cerebrale
-
Cibo e Sane Abitudini per il Cervello
per Aumentare la Memoria, Ricordare di Più
e Dimenticare di Meno

EDOARDO
ZELONI MAGELLI

Riferimenti bibliografici

Alban, D. (2018). *36 Proven Ways to Improve You Memory*. Retrieved from https://bebrainfit.com/improve-memory/

Beasley, N. (2018). *Difference Between Eidetic Memory And Photographic Memory*. Retrieved from https://www.betterhelp.com/advice/memory/difference-between-eidetic-memory-and-photographic-memory/

Boureston, K. (n.d.). *How to Develop a Photographic Memory: The Ultimate Guide*. Retrieved from https://www.mantelligence.com/how-to-develop-a-photographic-memory/

Buzan Tony, Buzan Barry (2018). *Mappe mentali. Come utilizzare il più potente strumento di accesso alle straordinarie capacità del cervello per pensare, creare, studiare, organizzare*

Foer, J. (2016). *Slate's Use of Your Data*. Retrieved from https://slate.com/technology/2006/04/no-one-has-a-photographic-memory.html

Friedersdorf, C. (2014). *What Does it Mean to 'See With the Mind's Eye?'*. Retrieved from https://www.theatlantic.com/health/archive/2014/12/what-does-it-mean-to-see-with-the-minds-eye/383345/

Improve Your Memory With a Good Night's Sleep. (n.d.). Retrieved from https://www.sleepfoundation.org/excessive-sleepiness/performance/improve-your-memory-good-nights-sleep

Kubala, J. (2018). 1*4 Natural Ways to Improve Your Memory.* Retrieved from https://www.healthline.com/nutrition/ways-to-improve-memory

Lerner, K. (n.d.). *Hook Line & Sinker - Secrets to a Great Memory Hook.* Retrieved from https://www.topleftdesign.com/blog/2009/11/hook-line-sinker-secrets-to-a-great-memory-hook/

Mcleod, S. (2013). *Memory, Encoding Storage and Retrieval.* Retrieved from https://www.simplypsychology.org/memory.html

Memory Process - encoding, storage, and retrieval. (n.d.). Retrieved from http://thepeakperformancecenter.com/educational-learning/learning/memory/classification-of-memory/memory-process/

Memory Techniques - Association, Imagination and Location. (n.d.). Retrieved from https://www.academictips.org/memory/assimloc.html

Method of Loci - Increase Memory Using your Home's Map. (2011). Retrieved from https://www.mind-expanding-techniques.net/memory-strategies/method-of-loci/

Mind Mapping - How to Mind Map. (n.d.). Retrieved from https://www.mindmapping.com/

Mind Mapping Basics. (n.d.). Retrieved from https://simplemind.eu/how-to-mind-map/basics/

Mohs, R. (n.d.). *Improving Memory: Lifestyle Changes.* Retrieved from https://health.howstuffworks.com/human-body/systems/nervous-system/improving-memory1.htm

Negroni, J. (2019). *How to Memorize More and Faster Than Other People.* Retrieved from https://www.lifehack.org/articles/productivity/how-memorize-things-quicker-than-other-people.html

Pinola, M. (2019). *The Science of Memory: Top 10 Proven Techniques to Remember More and Learn Faster.* Retrieved from https://zapier.com/blog/better-memory/

Qureshi, A., Rizvi, F., Syed, A., Shahid, A., & Manzoor, H. (2014). *The method of loci as a mnemonic device to facilitate learning in endocrinology leads to improvement in student performance as measured by assessments.* Retrieved from https://www.ncbi.nlm.nih.gov/pmc/articles/PMC4056179/

Step 3: Memory Retrieval | Boundless Psychology. (n.d.). Retrieved from https://courses.lumenlearning.com/boundless-psychology/

chapter/step-3-memory-retrieval/

The Good And Bad Things. (n.d.). Retrieved from https://photographic-memory-science.weebly.com/the-good-and-bad-things.html

The Journey Technique: – Remembering Long Lists. (n.d.). Retrieved from https://www.mindtools.com/pages/article/newTIM_05.htm

The Study of Human Memory. (n.d.). Retrieved from http://www.human-memory.net/intro_study.html

Types of Memory. (n.d.). Retrieved from https://learn.genetics.utah.edu/content/memory/types/

Types of Memory | Boundless Psychology. (n.d.). Retrieved from https://courses.lumenlearning.com/boundless-psychology/chapter/types-of-memory/

Wik, A. (2011). *How To Remember Anything Forever with Memory Hooks.* Retrieved from https://roadtoepic.com/remember-anything-forever-with-memory-hooks/

www.ingramcontent.com/pod-product-compliance
Lightning Source LLC
LaVergne TN
LVHW012101070526
838200LV00074BA/3913